○ 全民阅读 · 经典小丛书 ○

天工开物

［明］宋应星——著

冯慧娟——编

吉林出版集团股份有限公司

图书在版编目（CIP）数据

天工开物 /（明）宋应星著; 冯慧娟编. —长春:
吉林出版集团股份有限公司，2015.6（2024.1重印）
（全民阅读·经典小丛书）
ISBN 978-7-5534-7777-0

Ⅰ.①天… Ⅱ.①宋… ②冯… Ⅲ.①农业史 – 中国
– 古代②手工业史 – 中国 – 古代 Ⅳ.①N092

中国版本图书馆 CIP 数据核字 (2015) 第 128454 号

TIAN GONG KAI WU

天工开物

作　　者：[明]宋应星　著　冯慧娟　编
出版策划：崔文辉
选题策划：冯子龙
责任编辑：李易媛
排　　版：新华智品
出　　版：吉林出版集团股份有限公司
　　　　　（长春市福祉大路 5788 号，邮政编码：130118）
发　　行：吉林出版集团译文图书经营有限公司
　　　　　（http://shop34896900.taobao.com）
电　　话：总编办 0431-81629909　　营销部 0431-81629880 / 81629881
印　　刷：北京一鑫印务有限责任公司
开　　本：640mm × 940mm 1/16
印　　张：10
字　　数：130 千字
版　　次：2015 年 10 月第 1 版
印　　次：2024 年 1 月第 5 次印刷
书　　号：ISBN 978-7-5534-7777-0
定　　价：39.80 元

印装错误请与承印厂联系　电话：18611383393

前言

　　《天工开物》是中国古代第一部关于农业和手工业的综合性著作，是一部百科全书，作者是明朝科学家宋应星。

　　宋应星（1587—1661），字长庚，江西奉新县宋埠镇牌楼村人，明末清初科学家，崇祯七年（1634）担任江西分宜县教谕。在此期间，宋应星将长期积累的生产技术等方面的知识进行了总结整理，编著了《天工开物》。明朝灭亡后宋应星成了明朝遗民，于清顺治年间去世。

　　《天工开物》记载了明朝中期之前中国的各项科学技术。全书详细记录了各种农作物和工业原料的种类、产地，描绘了一百多项生产技术以及多种工具的使用方式，总结了许多生产组织经验，既有精确数据，又有大量插图。《天工开物》被外国学者称作"中国17世纪的工艺百科全书"，书中记录的许多生产技术对后世的科学研究起到了非常大的启迪作用，一直被沿用至今。

　　为了让读者更好地了解我国古代这些巨大的科技成果，编者精心挑选了原著中的部分工艺技术，辑录成这本《天工开物》，相信读者一定能从中领略到中国古代工农业和科学技术的辉煌。

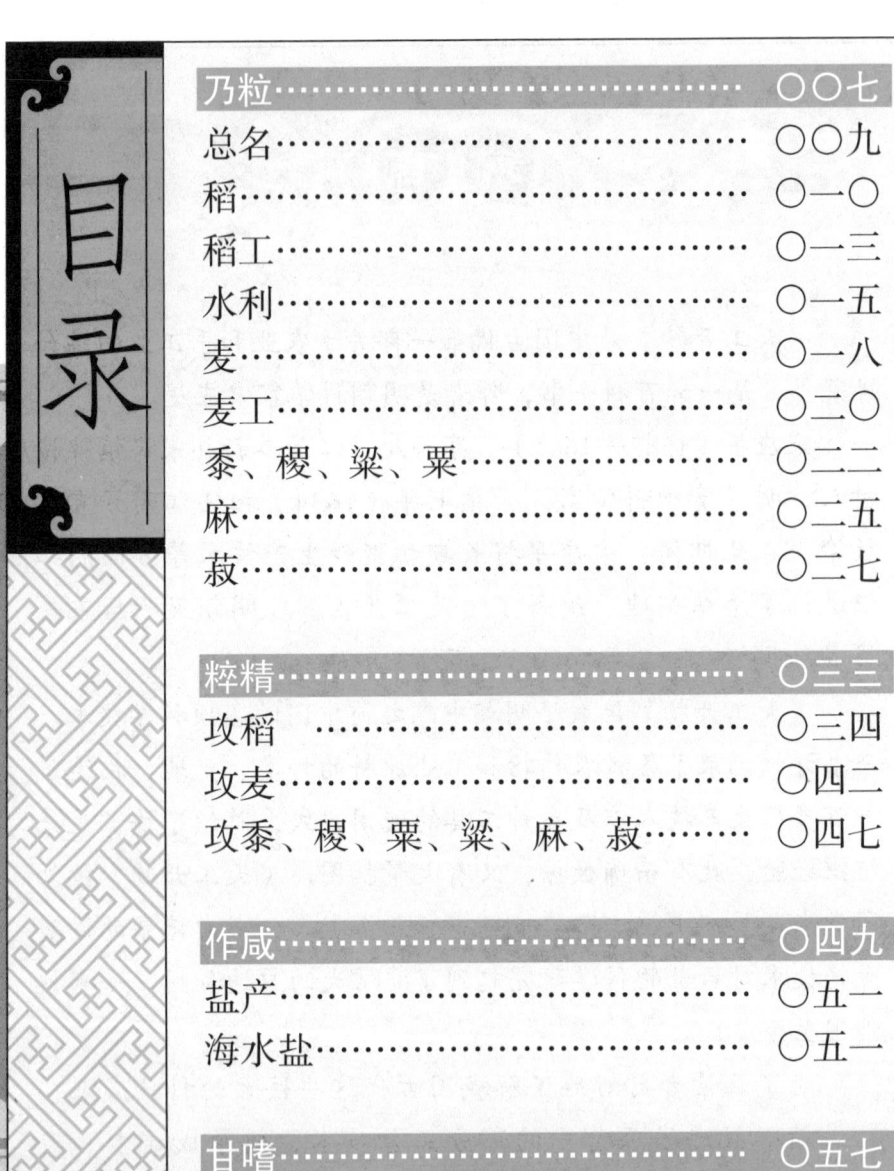

目录

天工开物

乃粒……………………………………… 〇〇七
总名……………………………………… 〇〇九
稻………………………………………… 〇一〇
稻工……………………………………… 〇一三
水利……………………………………… 〇一五
麦………………………………………… 〇一八
麦工……………………………………… 〇二〇
黍、稷、粱、粟………………………… 〇二二
麻………………………………………… 〇二五
菽………………………………………… 〇二七

粹精……………………………………… 〇三三
攻稻……………………………………… 〇三四
攻麦……………………………………… 〇四二
攻黍、稷、粟、粱、麻、菽…………… 〇四七

作咸……………………………………… 〇四九
盐产……………………………………… 〇五一
海水盐…………………………………… 〇五一

甘嗜……………………………………… 〇五七
蔗品……………………………………… 〇五八
造白糖…………………………………… 〇六〇
蜂蜜……………………………………… 〇六一

膏液……………………………………… 〇六七
油品……………………………………… 〇六九

乃服……………………………………… 〇七三
布衣、枲著、夏服………………… 〇七五

彰施……………………………………… 〇八一
诸色质料………………………………… 〇八二

五金……………………………………… 〇八五
黄金……………………………………… 〇八七
银………………………………………… 〇九三
铜………………………………………… 〇九九
铁………………………………………… 一〇三

陶埏……………………………………… 一〇九
白瓷……………………………………… 一一一

锤锻……………………………………… 一一九
冶铁……………………………………… 一二〇

燔石……………………………………… 一二三
煤炭……………………………………… 一二五
硫黄……………………………………… 一二八

目录

天工开物

目录

天工开物

丹青·······················一三三
墨··························一三五

珠玉·······················一三九
珠··························一四一
宝··························一四七
玉··························一五一

乃粒

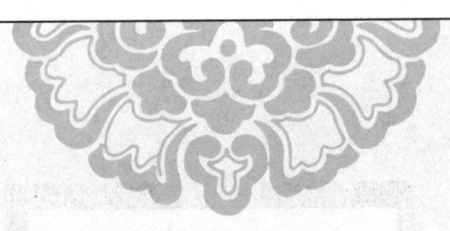

宋子曰，上古神农氏若存若亡，然味其徽号两言，至今存矣。生人不能久生，而五谷生之。五谷不能自生，而生人生之。土脉历时代而异，种性随水土而分。不然，神农去陶唐粒食已千年矣，耒耜之利，以教天下，岂有隐焉，而纷纷嘉种必待后稷详明，其故何也？

译文

宋子说，不知道是否真有上古神农氏这个人，但我觉得"神农"这一美名应该包括所有早期务农的先民。人仅仅依靠自身是不能长久活下去的，但是却能借助五谷活下去。五谷不能自行生长，但人却能种植五谷，让五谷生长。土地的性质随着时代的变迁而变化，种植五谷也因为水分和土壤的不同而有区别。要不是这个样子的话，从神农氏时期到唐尧时期，人们食用谷物都已经有一千年的历史了，农耕技术也早已传遍天下、世人皆知，但培育出的很多良好稻种直到后稷时才得以记录并阐明，不就是因为土质变化导致作物习性变化这个缘故吗？

纨袴之子以赭衣视笠蓑，经生之家以"农夫"为诟詈。晨炊晚饷，知其味而忘其源者众矣。夫先农而系之以神，岂人力之所为哉。

译文

纨绔子弟视农民如罪人，儒生更是把"农夫"当成是骂人的话。

整天都有东西吃的人，只知道体会食物的味道却忘了是谁种植了五谷，这样的人很多。因此，把远古从事农业的人尊称为"神农"，是因为当时种植五谷又岂是普通人依靠人力就能实现的啊！

总名

凡谷无定名，百谷指成教言。五谷则麻、菽、麦、稷、黍，独遗稻者，以著书圣贤起自西北也。今天下育民人者，稻居十七，而来、牟、黍、稷居十三。麻、菽二者，功用已全入蔬饵、膏馔之中，而犹系之谷者，从其朔也。

稷

【译文】

谷并不是指某种特定的粮食，百谷是谷物的总称。五谷指麻、菽、麦、稷、黍，偏偏将稻漏掉了，这是因为那些记录五谷的圣贤都来自西北。当今百姓的口粮中，稻占了十分之七，小麦、大麦、黍和稷仅占十分之三。麻和豆的功用全部被归入菜蔬、糕点、油脂等食品中，之所以仍将其归于五谷，只是沿用古代的说法。

稻

凡稻种最多。不粘者禾曰秔，米曰粳。粘者禾曰稌，米曰糯（南方无粘黍，酒皆糯米所为）。质本粳而晚收带粘（俗名"婺源光"之类），不可为酒、只可为粥者，又一种性也。凡稻谷形有长芒、短芒（江南名长芒者曰浏阳早，短芒者曰吉安早）、长粒、尖粒、圆顶、扁面不一。其中米色有雪白、牙黄、大赤、半紫、杂黑不一。

【译文】

水稻品种最多。不黏的水稻叫作秔，不黏的米叫作粳米。黏的水稻叫作稌，黏的米叫作糯米（南方不出产黏的黄米，所以都是用糯米来酿酒）。有一类水稻（俗称"婺源光"）本属粳类，但因成熟时间较晚而略带黏性。这类稻不能酿酒，只能煮粥，这类水稻又是一个品种。从外形上看，所有的稻谷分为长芒和短芒（江南一带称长芒稻为"浏阳早"，称短芒稻为"吉安早"）、长粒和尖粒、圆顶和扁面几种，其中稻米的颜色还有雪白、牙黄、大红、半紫和杂黑等的不同。

湿种之期，最早者春分以前，名为社种（遇天寒有冻死不生者，最迟者后于清明）。凡播种，先以稻、麦稿包浸数日。俟其生芽，撒于田中，生出寸许，其名曰秧。秧生三十日即拔起分栽。若田逢旱干、水溢，不可插秧。秧过期，老而长节，即栽于亩中，生谷数粒，结果

稻

而已。凡秧田一亩所生秧，供移栽二十五亩。

【译文】

将稻种浸湿的最早时间是在春分前，俗称"社种"（此时若遇到天气严寒，部分稻种就会受冻不发芽），最晚的时间在清明之后。播种时，需事先用稻秆和麦秆将稻种包起来放到水中浸泡数日，等到稻种发芽后再将其撒到田里。稻种长到一寸高的时候称作稻秧，稻秧长了三十天后就要将其拔出分开栽种。如果稻田干旱或有过多积水，均不可插秧。插秧期过了若仍未插秧，稻秧就会变老并长节，这时即便再将其插到田里也只能长出少粒的谷，而不会再结出更饱满的谷粒了。一亩田里长出的稻秧足可再移栽到二十五亩田里生长。

凡秧既分栽后，早者七十日即收获（粳有"救公饥"、"喉下急"，糯有"金包银"之类。方语百千，不可弹述），最迟者历夏及冬二百日方收获。其冬季播种、仲夏即收者，则广南之稻，地无霜雪故也。凡稻旬日失水，即愁旱干。夏种秋收之谷，必山间源水不绝之亩，其谷种亦耐久，其土脉亦寒，不催苗也。湖滨之田，待夏潦已过，六月方栽者，其秧立夏播种，撒藏高亩之上，以待时也。

【译文】

将稻秧分栽之后，早季稻大约在七十天之后就能收割（早季粳稻的品种有"救公饥""喉下急"，早季糯稻的品种有"金包银"等。各地早季稻的种类很多，无法一一尽述），晚季稻要经历整个夏天和冬天，大概两百天之后才能收割。那些在冬天播种，夏天就能收割的稻谷，是广东的稻谷，因为那里没有霜雪。所有的水稻如果十天不灌溉，就会干旱。夏天种下秋天收割的稻谷，必须要种在山间水源不断的土地上，这类稻谷生长周期长，加上土地阴寒，不能促使稻苗快速生长。靠近湖水的土地，要等到夏天的洪水过后，差不多六月份的时候才能在上面插秧。这类稻谷在立夏的时候播种，将它们洒在地势高的地方，然后等待插秧。

南方平原，田多一岁两栽两获者。其再栽秧，俗名晚糯，非粳类也。六月刈初禾，耕治老稿田，插再生秧。其秧清明时已偕早秧撒布。早秧一日无水即死，此秧历四、五两月，任从烈日旱干无忧，此一异也。凡再植稻，遇秋多晴，则汲灌与稻相终始。农家勤苦，为春酒之需也。凡稻旬日失水则死期至，幻出旱稻一种，粳而不粘者，即高山可插，又一异也。香稻一种，取其芳气以供贵人，收实甚少，滋益全无，不足尚也。

【译文】

南方平原的土地，大多一年种植水稻两次、收割也为两次。第二次栽种的稻通常被称为"晚糯稻"，这类稻不属于粳稻。在六月份，人们将第一次栽种的稻谷收割掉，然后翻耕留有稻茬的田地，再插晚稻秧。晚稻在清明的时候就已经和早稻一起播种了。早稻秧如果一天之内得不到灌溉就会死，而晚稻秧经历了四月份和五月份，即便烈日炎炎也不会旱死，这是一件十分奇怪的事情。如果秋天晴天很多，就要一直浇灌晚稻。农民辛苦劳作，是因为要用稻米酿造春酒。水稻如果十天得不到浇灌就会死去，于是人们培育出了新稻种，这种稻种属于粳稻但没有黏性，即便在高地上也能种植，这与寻常的稻相比又是一个特别的品种。还有一种香稻，取其香气来进贡给贵人，这类稻能收获的果实很少，而且全然没有营养，所以不提倡种这类稻。

凡稻田刈获不再种者，土宜本秋耕垦，使宿稿化烂，敌粪力一倍。或秋旱无水及怠农春耕，则收获损薄也。凡粪田若撒枯浇泽，恐霖雨至，过水来，肥质随漂而去。谨视天时，在老农心计也。凡一耕之后，勤者再耕、三耕，然后施耙，则土质匀碎，而其中膏脉释化也。

【译文】
稻谷收割之后，如果稻田不再进行种植，就需要在当年的秋天耕垦土地，让稻茬在土地里腐烂，这样对土地的滋养比用粪肥滋养要好一倍。如果秋天干旱少水，或者农民由于倦怠到明年春天才耕垦土地，那么收获就会减少。如果依靠将枯饼撒在田里或者通过浇粪水的方式肥田，那么遇到下雨天肥质恐怕就会被雨水带走，所以老农就会依靠心计来观察天气的变化。耕垦过一次土地后，勤劳的农民会进行第二次、第三次的耕垦，然后再用钉耙将土块捣碎，这样就能使肥料在土中散开。

凡牛力穷者，两人以扛悬耜，项背相望而起土，两人竟日仅敌一牛之力。若耕后牛穷，制成磨耙，两人肩手磨轧，则一日敌三牛之力也。凡牛，中国惟水、黄两种。水牛力倍于黄。但畜水牛者，冬与土室御寒，夏与池塘浴水，畜养心计亦倍于黄牛也。凡牛春前力耕汗出，切忌雨点，将雨则疾驱入室。候过谷雨，则任从风雨不惧也。

如果农户没有耕牛，可以两个人用木杠悬着犁铧一前一后进行翻土耕地，但是合二人之力也仅和一头牛的劳动量一样。要是耕地之后没有牛来耙地，可以做一个磨耙，两个人用肩和手托着磨耙来碎土，这样一天的劳动成果比得上用牛耕地三天的效果。牛的种类，中国只有水牛和黄牛两种，水牛的力气比黄牛大一倍。但是蓄养水牛，冬天要让其住土屋御寒，夏天让其在池塘里洗浴，蓄养气力也是蓄养黄牛的几倍。牛在春分前用力耕地就会出汗，这时候切忌不能让水牛被雨淋到，到下雨的时候，要把水牛赶进屋里。等过了谷雨，水牛就不怕风雨了。

吴郡力田者以锄代耜，不借牛力。愚见贫农之家，会计牛值与水草之资、窃盗死病之变，不若人力亦便。假如有牛者供办十亩，无牛用锄而勤者半之。既已无牛，则秋获之后，田中无复刍牧之患，而菽、麦、麻、蔬诸种纷纷可种。以再获偿半荒之亩，似亦相当也。

苏州一带种田的人用锄头来代替犁，不借用牛的力量。以我愚见，这是因为这些贫农之家，计算了牛的价格以及用于养牛的水草价格，然后又顾虑到牛被偷以及牛病死的情况，认为用牛还不如人力方便。假如有牛的人家能够耕田十亩，那些没有牛只用锄头耕地但是勤快劳作的人家也能耕地五亩。因为这些人家没有牛，因此在秋收后就没有要在田里养草放牧的担忧了，而豆、麦、麻、菜也都能种植。用收获豆、麦、麻、菜的价值来弥补少耕种五亩的损失，似乎也是不错的。

凡稻分秧之后数日，旧叶萎黄而更生新叶。青叶既长，则籽（俗名挞禾）可施焉。植杖于手，以足扶泥壅根，并屈宿田水草，使不生也。凡宿田茵草之类，遇籽而屈折。而稊、稗与茶、蓼非足力所可除者，则耘以继之。耘者苦在腰手，辨在两眸，非类既去，而嘉谷茂焉。以此泄以防潦，溉以防旱，旬月而"奄观铚刈"矣。

【译文】

将水稻插秧后过几天，秧苗上的旧叶会枯萎变黄，然后新的叶子就会长出来。新叶子长出来后，就可以籽田（俗名"挞禾"）了。籽田的方法是用手拿着木棍，用脚将泥固定在秧苗的根上，随后将田里的水草踩进泥土，让水草不再生长。茵草一类的田间水草，可以直接用脚踩折，但是像稊、稗还有茶、蓼之类的水草，仅仅靠脚力是不能除去的，必须接着用手拔掉。除草的人手和腰会很辛苦，而辨别水草就要靠双眼，那些水草去除之后，稻谷就能生长得很好。在这之后，就要排水防涝、灌水防旱，过个把月就可以收割稻谷了。

水利

凡稻防旱借水，独甚五谷。厥土沙、泥、硗、腻，随方不一。有三日即干者，有半月后干者。天泽不降，则人力挽水以济。凡河滨有制筒车者，堰陂障流，绕于车下，激轮使转，挽水入筒，一一倾于枧内，流入亩中。昼夜不息，百亩无忧（不用水时，栓木碍止，使轮不转动）。其湖、池不流水，或以牛力转盘，或聚数人踏转。车身长者二丈，短者半之。其内甩龙骨拴串板，关水逆流而上。大抵一人竟日之力灌田五亩，而牛则倍之。

筒车灌溉

　　稻比五谷更需要灌水防旱。种植水稻的泥土种类因地方不同而不同，一般有沙土、混土，瘦土，肥土等几种。有些地方的泥土在灌溉后三天就干了，有的地方的泥土灌溉后过半个月才干。如果天不下雨，就要依靠人力去灌水。沿河居住的农家在岸边制作筒车，然后筑坝让水流到筒车那里，凭借急流的水流让筒车转动，水也因此被引入筒勺，筒勺中的水又都注入水槽，最后流到田中。这些筒车能够日夜不停地工作，即使有一百亩田要灌溉也不用担心（不用灌溉的时候，就用木桩卡住筒车，不让其运转）。湖和水池里的水不会流动，就用牛力去拉动转盘，然后带动转盘来引水，或者聚集几个人的力量来踏转筒车引水。有的筒车身长两丈，短的筒车也有一丈长。筒车里用龙骨将木板串联起来带动水逆流而上，然后再流到田里。利用筒车，一个人一天下来就足以灌溉五亩田地，如果用牛则能灌溉十亩。

　　其浅池、小浍不载长车者，则数尺之车，一人两手疾转，竟日之功可灌二亩而已。扬郡以风帆数扇，俟风转车，风息则止。此车为救潦，欲去泽水，以便栽种，盖去水非取水也，不适济旱。用桔槔、辘轳，功劳又甚细已。

　　水浅的水池或者小水沟无法放置很长的筒车，就放置数尺长的拔车，一个人用两手快速转动摇柄使车引水灌溉，这样一天仅能灌溉两亩地而已。扬州的农民在车上安置了数扇风帆，通过风力使车转动，有风的日子，车就能运转，没风的日子就不会运转。这种靠风来转动的拔车是用来排水防涝的，排水后再栽种水稻。大概因为这种拔车只能排水不能取水，因此不能用于防旱。如果换做用桔槔、辘轳来取水灌溉，功效就又会小很多。

麦

凡麦有数种。小麦曰来，麦之长也；大麦曰牟、曰穬；杂麦曰雀、曰荞。皆以播种同时，花形相似，粉食同功，而得麦名也。四海之内，燕、秦、晋、豫、齐鲁诸道，烝民粒食，小麦居半，而黍、稷、稻、粱仅居半。西极川、云，东至闽、浙、吴、楚腹焉，方长六千里中，种小麦者二十分而一，磨面以为捻头、环饵、馒首、汤料之需，而饔飧不及焉。种余麦者，五十分而一，间阎作苦以充朝膳，而贵介不与焉。

麦

【译文】

麦有很多种类。小麦称为来，是最主要的麦类品种；大麦称为牟或穬；杂麦称为雀或荞。这些都是在相同的时间段播种，花形相似，并且都是磨成粉之后再食用的，所以就都归类为麦。在全国范围内，河北、陕西、山西、河南以及山东各地，麦占据百姓口粮的一半，而黍、稷、稻、粱加起来也仅仅只占了一半而已。西至四川、云南，东至福建、浙江、江苏以及楚地的中心地带，将近六千里的范围内，种植小麦的地方约占了二十分之一。将小麦磨成粉，可以制作花卷、糕饼、馒头、面条，但这些食物都不作为正餐食用。种植其他麦类的地方约占五十分之一，贫苦人家将这些麦类作为早餐，而那些富贵人家是不吃这些东西的。

穬麦独产陕西，一名青稞，即大麦，随土而变。而皮成青黑色者，秦人专以饲马。饥饿，人乃食之（大麦亦有粘者，河洛用以酿酒）。雀麦细穗，穗中又分十数细子，间亦野生。荞麦实非麦类，然以其为粉疗饥，传名为麦，则麦之而已。

穬麦只生长在陕西，又称作"青稞"，也就是俗称的大麦，因为土质的不同而有不同的变种。外皮是青黑色的大麦，陕西一带的人专门用其来喂马。只有在饥荒的年代，人们才会去吃这种外皮呈青黑色的大麦（大麦中也包含带有黏性的品种，黄河、洛水一带的人用其来酿酒）。雀麦的麦穗很细，每穗又分为十几个小穗，这其中也有野生的。荞麦不属于麦类，但因为荞麦同样要磨成粉才能作为充饥的食物，所以就被说成了麦，那么姑且就称之为麦吧。

凡北方小麦，历四时之气，白秋播种，明年初夏方收。南方者种与收期时日差短。江南麦花夜发，江北麦花昼发，亦一异也。大麦种获期与小麦相同。荞麦则秋半下种，不两月而即收。其苗遇霜即杀，邀天降霜迟，迟则有收矣。

　　北方小麦的生长期涵盖了整个四季，它们自秋季被播种，等到第二年的初夏才能被收割。南方的小麦从播种到收割，所要花费的时间要少一些。江南的麦在晚上开花，江北的麦则在白天开花，这是二者不同的一点。大麦从种植到收获，所经历的时间和小麦相同。荞麦则是在中秋过后播种，不到两个月就能收获。荞麦的麦苗遇霜即死，因此希望霜降来得晚些，这样就能有所收获了。

麦工

　　凡麦与稻，初耕垦土则同，播种以后，则耘耔诸勤苦皆属稻，麦惟施耨而已。凡北方厥土坟垆易解释者，种麦之法耕具差异，耕即兼种。其服牛起土者，耒不用耜，并列两铁于横木之上，其具方语曰镪（耩）。镪中间盛一小斗，贮麦种于内，其斗底空梅花眼。牛行摇动，种子即从眼中撒下。欲密而多，则鞭牛疾走，子撒必多；欲稀而少，则缓其牛，撒种即少。既播种后，用驴驾两小石团压土埋麦。凡麦种紧压方生。南方地不北同者，多耕多耙之后，然后以灰拌种，手指拈而种之。种过之后，随以脚跟压土使紧，以代北方驴石也。

【译文】

　　种麦时的耕田翻土和种稻时是一样的。播种之后，稻田需要辛勤地壅根和拔草，麦田则只要除草就足够了。北方的泥土土质疏松，所以容易打碎，在那些地方，种麦的方法和所用耕具与种稻不一样，在耕地的时候就要撒麦种。北方用牛翻土的时候不需要犁，而是在横木上装上两个铁尖，当地人称之为锸（耩）。锸的中间有一个小斗，将麦种放在小斗里，小斗的底端钻有梅花眼。牛在前行的时候会使小斗摇动，然后种子就会通过梅花眼撒到泥土里。想要种得又密又多，就让牛走得快一点，这样就能撒更多的麦种；如果要种得又稀又少，就慢慢地赶牛，这样撒种就会少了。在播种之后，驱赶驴子拉着两个石块碾压泥土，将麦种压住。麦种被泥土压紧之后才能生长。南方的土地不同于北方，需要多次耕地和翻土之后，用草灰搅拌麦种，然后用手指掇起点播。播种之后，再用脚跟压土使麦种与泥土压紧，这样就代替了北方用驴拉石块压泥了。

耕种之后，勤议耨锄，凡耨草用阔面大镈。麦苗生后，耨不厌勤（有三过、四过者），余草生机尽诛锄下，则竟亩精华尽聚嘉实矣。功勤易耨，南与北同也。凡粪麦田，既种以后，粪无可施，为计在先也。陕、洛之间，忧虫蚀者，或以砒霜拌种子，南方所用，惟炊烬也（俗名地灰）。南方稻田，有种肥田麦者，不冀麦实。当春小麦、大麦青青之时，耕杀田中，蒸罨土性，秋收稻谷必加倍也。

麦种在播种之后，要勤于除草，除草的时候要用锄面宽阔的锄头。麦苗长出来以后，除草要勤（有三次或者四次的），用锄头使杂草的生机断绝，这样就能使田里的肥分全都用来促进麦的生长。勤劳劳作就能除尽杂草，这一点南北方都是一样的。给麦种施肥要在播种之前，播种之后再去施肥是没有效果的。陕西、洛水之间一带地区的人担心麦种被虫子侵蚀，就用砒霜拌种，而南方的人则用草木灰（俗称地灰）拌种。南方也有在稻田里种肥田麦的，种这些麦并不指望能够收到果实，而是在春天小麦、大麦长得青绿的时候，将肥田麦割了埋在田中，让它们烂在地里增加肥力，这样在秋天收获稻谷时就能获得多一倍的产量。

凡麦收空隙可再种他物。自初夏至季秋，时日亦半载，择土宜而为之，惟人所取也。南方大麦有既刈之后乃种迟生粳稻者。勤农作苦，明赐无不及也。凡荞麦，南方必刈稻，北方必刈菽、稷而后种。其性稍吸肥腴，能使土瘦。然计其获入，业偿半谷有余，勤农之家何妨再粪也。

【译文】

麦子收割后的空地还可以栽种其他作物。从初夏到秋末，有将近半年的时间，可以因地制宜地选择合适的作物来种植，这些都由人自行决定。南方有在收割了大麦之后种植晚生的粳稻的。农民辛勤劳作，总能有很多收获。南方是在割了稻之后播种荞麦，北方是在割了豆子和稷之后播种荞麦。荞麦生性喜欢吸收肥料，容易使土质变得肥性不足。然而种荞麦的收入，能抵得上种植稻谷时所得收入的一半还有余，辛勤劳作的农家也不介意再去给田地施肥。

黍、稷、粱、粟

凡粮食，米而不粉者种类甚多。相去数百里，则色、味、形、质，随方而变，大同小异，千百其名。北人惟以大米呼粳稻，而其余概以小米名之。凡黍与稷同类，粱与粟同类。黍有粘有不粘（粘者为酒），稷有粳无粘。凡粘黍、粘粟，统名曰秫，非二种外更有秫也。黍色赤、白、黄、黑皆有，而或专以黑色为稷，未是。至以稷米为先他谷熟，堪供祭祀，则当以早熟者为稷，则近之矣。

黍

【译文】

　　粮食里面有很多种是只碾成米而不磨成粉的。相隔几百里的地方，粮食的颜色、味道、形状和品质都因为产地的不同而不同，但都是大同小异，而且名字数以千计。北方人称呼粳稻为大米，将其余的稻类都称小米。黍与稷同类，粱与粟同类。黍有黏的，也有不黏的（黏的黍用于做酒），稷却只有不黏的这一个品种。凡是黏的黍、黏的粟，都统称为秫，但并不是说除了这两种之外还有其他的秫。黍有红、白、黄、黑这几种颜色，有的人专门将黑色的黍称为稷，这是不正确的。有的人因为稷米比其他谷物早熟，刚刚好能够用来祭祀，因此将早熟的作物称为稷，这种说法差不多是对的。

　　凡黍在《诗》《书》，有虋、芑、秬、秠等名，在今方语有牛毛、燕颔、马革、驴皮、稻尾等名。种以三月为上时，五月熟；四月为中时，七月熟；五月为下时，八月熟。扬花结穗，总与来、牟不相见也。凡黍粒大小，总视土地肥硗、时令害育，宋儒拘定以某方黍定律，未是也。

黍，在《诗经》《尚书》中有虋、芑、秬、秠等名称，在方言中，还有牛毛、燕颔、马革、驴皮、稻尾等叫法。黍的播种时间，最早是在三月播种，在五月就成熟了；其次在四月播种，七月成熟；最晚要在五月播种，然后要等到八月才成熟。黍开花结穗的时间与大麦、小麦开花结穗的时间不同。黍的果实大小，受到土地肥瘦程度、时节好坏的影响，而宋代儒生固定地将某个地方黍粒的大小作为评判标准，这未必就是正确的。

凡粟与粱统名黄米。粘粟可为酒。而芦粟一种，名曰高粱者，以其身高七尺，如芦、荻也。粱粟种类名号之多，视黍稷犹甚。其命名或因姓氏、山水，或以形似、时令，总之不可枚举。山东人唯以谷子呼之，并不知粱粟之名也。已上四米皆春种秋获。耕耨之法与来、牟同，而种收之候则相悬绝云。

粟和粱都统称为黄米。黏的粟可以酿酒，有一种芦粟被称作高粱，因为它秆长七尺，就像芦、荻一样。粱、粟的种类和名号很多，比黍、稷的还要多。对其命名时有时候是根据姓氏、山川，有时候是根据形状、时令，总之，有很多的方式，不胜枚举。而山东人只称呼它们为谷子，并不知道还有粱、粟一类的名称。上面所说的四种粮食，都是春种秋收。耕地和翻土的方法和种大麦、小麦的方法相同，但是播种的时间和收获的时间就相差很大了。

麻

　　凡麻可粒可油者，惟火麻、胡麻二种。胡麻即脂麻，相传西汉始自大宛来。古者以麻为五谷之一，若专以火麻当之，义岂有当哉？窃意《诗》《书》五谷之麻，或其种已灭，或即菽、粟之中别种，而渐讹其名号，皆未可知也。

【译文】

　　麻类作物中既可作为粮食也可作为油料的，只有火麻和胡麻两种。胡麻即芝麻，相传是西汉时从大宛引进来的。古代人将麻列入五谷，但如果仅仅是指火麻，那又怎么能说是恰当的呢？我私下认为《诗经》《尚书》中所说的五谷中的麻，或许已经绝种，或许就是豆、粟这类作物的变种，其名称也在流传的过程中因为以讹传讹而误传了，这也都未可知。

　　今胡麻味美而功高，即以冠百谷不为过。火麻子粒压油无多，皮为疏恶布，其值几何？胡麻数龠充肠，移时不馁。粗饵、饴饧，得粘其粒，味高而品贵。其为油也，发得之而泽，腹得之而膏，腥膻得之而芳，毒癞得之而解。农家能广种，厚实可胜言哉。

【译文】

　　现在，芝麻味道好而且作用大，即使是列为百谷之首也不为过。火麻的籽榨不出多少油，如果用它来做成麻布，又能有多少的价值？用芝麻充饥，过很长时间也不会感到饥饿。做糕点或者糖果，如果能粘上一点芝麻，味道就更好了，档次也上去了。用芝麻榨出来的油，涂抹在头发上，头发就会更有光泽；吃下去能增加营养；放在腥膻的食物里能够增加香味；涂在毒疮上则有解毒的功效。农家如果能够多种芝麻，好处就会有很多。

种胡麻法，或治畦圃，或垄田亩，土碎、草净之极，然后以地灰微湿，拌匀麻子而撒种之。早春三月种，迟者不出大暑前。早种者，花实亦待中秋乃结。耨草之功，唯锄是视。其色有黑、白、赤三者。其结角长寸许，有四棱者，房小而子少；八棱者，房大而子多。皆因肥瘠所致，非种性也。收子榨油，每石得四十斤余。其枯用以肥田；若饥荒之年，则留供人食。

【译文】

种植芝麻的方法，可以在田间做畦，也可以培田垄，但必须要将泥土捣碎，将杂草去除干净，然后将草木灰洒在地上，并微微弄湿，再与芝麻的种子拌匀，随后就可播种。在早春三月的时候就要种下，最晚不能超过大暑。早种的芝麻也要等到中秋才开花结果。除草全凭借锄头。芝麻的颜色有黑色、白色、红色三种。芝麻的蒴果长一寸左右，如果外壳呈四棱状，则房小且颗粒较少；如果外壳呈八棱，则房大且颗粒多。这都是受土地贫瘠状况的影响，与芝麻的种性无关。芝麻收获之后可以榨油，每石芝麻能榨出四十多斤芝麻油。其枯饼可用来肥田；如果碰上荒年，则可以当作食物给人吃。

菽

凡菽种类之多，与稻、黍相等。播种、收获之期四季相承。果腹之功，在人日用，盖与饮食相终始。

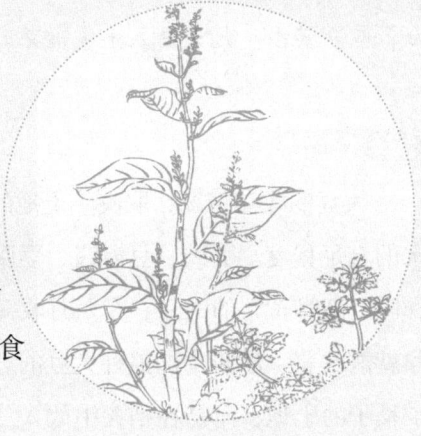

菽

【译文】

豆的种类很多，和稻、黍差不多一样多。豆类的播种和收获在一年四季中延续相承。豆作为食物，在人们的日常生活中始终与饮食有关。

一种大豆有黑、黄两色，下种不出清明前后。黄者有五月黄、六月爆、冬黄三种。五月黄收粒少，而冬黄必倍之。黑者刻期八月收。淮北长征骡马，必食黑豆，筋力乃强。

【译文】

有一种大豆有黑、黄两种颜色，播种的时间差不多在清明前后。黄豆的品种有"五月黄""六月爆""冬黄"三种。"五月黄"的果实少，"冬黄"的果实比"五月黄"多一倍。黑豆只有在八月份的时候才能收获。淮北地区要走长途路程的骡、马，一定要吃黑豆，这样才能筋强力壮。

凡大豆视土地肥硗、耨草勤怠、雨露足悭，分收入多少。凡为豉、为酱、为腐，皆大豆中取质焉。江南又有高脚黄，六月刈早稻方再种，九、十月收获。江西吉郡种法甚妙：其刈稻竟不耕垦，每禾稿头中拈豆三四粒，以指扱之，其稿凝露水以滋豆，豆性充发，复浸烂稿根以滋已。生苗之后，遇无雨亢干，则汲水一升以灌之。一灌之后，再耨之余，收获甚多。凡大豆入土未出芽时，防鸠雀害，驱之惟人。

【译文】

　　大豆的收获情况，取决于土地的贫瘠程度、除草的勤劳程度以及雨水的充足程度。豆豉、豆瓣酱、豆腐，都是用大豆作为原料。江南有一种叫"高脚黄"的大豆，在六月收割早稻的时候播种，九月、十月的时候就能收获。江西吉郡播种大豆的方法十分巧妙：那一带的人不耕垦割了稻子的土地，而是在稻茬中放入三四粒豆种，然后用手指将豆种埋在泥土里，依靠稻茬上的露水来滋润豆种，豆子发芽后就以腐烂的稻根为养料。豆种长成豆苗之后，如果遇上干旱天，要用水来灌溉它们，等到灌溉了一次之后，需将杂草除掉，这样就能收获很多的豆子。大豆入土后到发芽前的这段时间内，需要防止鸠、雀来啄食，这时候只能依靠人力去驱赶。

　　一种绿豆，圆小如珠。绿豆必小暑方种。未及小暑而种，则其苗蔓延数尺，结荚甚稀；若过期至于处暑，则随时开花结荚，颗粒亦少。豆种亦有二：一曰"摘绿"，荚先老者先摘，人逐日而取之；一曰"拔绿"，则至期老足，竟亩拔取也。凡绿豆磨澄晒干为粉，荡片搓索，食家珍贵。做粉溲浆，灌田甚肥。凡蓄藏绿豆种子，或用地灰、石灰，或用马蓼，或用黄土拌收，则四、五月间不愁空蛀。勤者逢晴频晒，亦免蛀。

另外有一个品种叫作绿豆，它外形圆小如珠。绿豆必须在小暑的时候才能播种。没到小暑的时候就播种，豆苗就会蔓延数尺，结荚很少；如果到了处暑才种，豆苗就会随时开花结荚，颗粒也很少。绿豆有两种：一种叫"摘绿"，豆荚提前变老的就优先摘去，每天摘一次；另一种叫"拔绿"，要等到熟透之后整亩地一同拔取。绿豆先磨成浆，然后沥去水分，晒干之后就变成了绿豆粉，再制作成粉皮、粉条，这些食物被当作珍品。那些做绿豆粉时剩下的溲浆可以用来灌溉田地，增强田的肥质。可以用草木灰、石灰储藏绿豆的种子，也可以用马蓼，或者用黄土拌收，这样就不怕豆子在四、五月的时候被虫蛀空。勤劳的人家经常在晴天将豆种晒一晒，这样也能避免虫蛀。

凡已刈稻田，夏秋种绿豆，必长接斧柄，击碎土块，发生乃多。凡种绿豆，一日之内，遇大雨扳土，则不复生。既生之后，防雨水浸，疏沟浍以泄之。凡耕绿豆及大豆田地，耒耜欲浅，不宜深入。盖豆质根短而苗直，耕土既深，土块曲压，则不生者半矣。"深耕"二字，不可施之菽类，此先农之所未发者。

【译文】

已经割掉稻子的农田，在夏秋时节种上绿豆，一定要用长的斧柄将泥土敲碎，这样才能使绿豆多发芽。如果在种绿豆这一天遇上大雨而使泥土结块，那么豆种就不会长苗了。等到长苗之后，要防止豆苗被雨水浸泡，需疏通垄沟，积极排水。耕垦种植了绿豆或大豆的田地时，下犁要浅，而且不要犁得太深。这是因为豆苗根短而且苗直，如果开垦过深，土块会将豆苗压弯，这样就会导致一半的豆苗不再生长。所以说

"深耕"不适合用于栽种豆类作物，这是以前的农民没有提到的。

一种豌豆，此豆有黑斑点，形圆同绿豆，而大则过之。其种十月下，来年五月收。凡树木叶迟者，其下亦可种。

【译文】

有一种豆叫豌豆，豌豆上有黑色的斑点，外形和绿豆一样圆，但比绿豆大。豌豆大概在十月份播种，到第二年的五月就能收获。在叶子掉落较晚的树下也能播种豌豆。

一种蚕豆，其荚似蚕形，豆粒大于大豆。八月下种，来年四月收，西浙桑树之下遍繁种之。盖凡物树叶遮露则不生，此豆与豌豆，树叶茂时彼已结荚而成实矣。襄汉上流，此豆甚多而贱，果腹之功不啻黍稷也。

【译文】

有一种豆叫蚕豆，豆荚和蚕很相似，豆粒要比大豆大。蚕豆大概在八月份播种，在第二年的四月就能收获。浙江西部地区在桑树下种植蚕豆，而且种得十分多。这大概是因为作物被树叶遮住之后就长不好，但是蚕豆和豌豆却在叶子茂盛的时候就已经结荚成粒了。襄河、汉水的上游，蚕豆产量多而且价格便宜，其作为粮食的功用不低于黍、稷。

一种小豆，赤小豆入药有奇功，白小豆（一名饭豆）当餐助嘉谷。夏至下种，九月收获，种盛江淮之间。

有一种豆叫小豆，红色的小豆可
入药，有奇特的功效；白色的小豆
（又称饭豆）是可以掺在饭里面
吃的好东西。小豆在夏至的时候
播种，在九月份就能收获，在江
淮一带盛行种小豆。

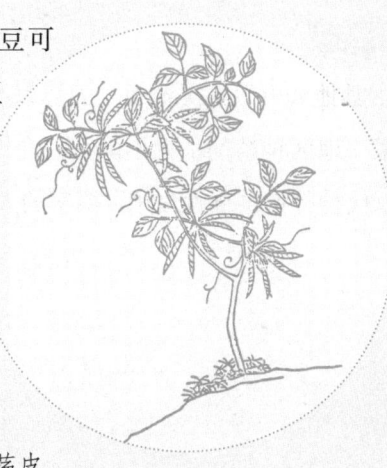

绿豆

一种稆（音吕）豆，此豆古者
野生田间，今则北土盛种。成粉、荡皮
可敌绿豆。燕京负贩者，终朝呼稆豆皮，
则其产必多矣。

【译文】

有一种豆叫稆（音吕）豆，在古代，这种豆在田野里野生，现在北
方很多地方都种植这种豆。这种豆做粉皮、粉条，堪比绿豆。燕京地区
的小贩整天都吆喝着卖稆豆皮，可见稆豆的产量是很大的。

一种白藊豆，乃沿篱蔓生者，一名蛾眉豆。

【译文】

有一种豆叫白扁豆，是蔓生在篱笆上的，又称"蛾眉豆"。

其他豇豆、虎斑豆、刀豆，与大豆中分青皮、褐色之类，间繁一
方者，犹不能尽述。皆充蔬代谷，以粒烝民者，博物者其可忽诸！

天工开物

其他如豇豆、虎斑豆、刀豆以及大豆中的青皮豆、褐皮豆之类，只在某一地区种植的，就不能一一介绍清楚了。豆子既可以作为蔬菜，也可以代替谷物供百姓食用，博学的人又怎么可能忽略呢！

天工开物

微信扫码

☑拓展视频　☑图文资讯
☑趣味测评　☑阅读分享

粹精

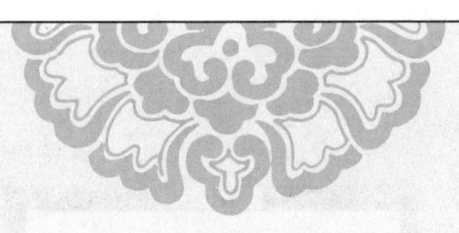

　　宋子曰，天生五谷以育民，美在其中，有"黄裳"之意焉。稻以糠为甲；麦以麸为衣；粟、粱、黍、稷毛羽隐然。播精而择粹，其道宁终秘也。

　　饮食面知味者，食不厌精。杵臼之利，万民以济，盖取诸"小过"。为此者，岂非人貌而天者哉！

译文

　　宋子说，自然界生长的五谷，使百姓得到供养，五谷都包在黄色的谷壳中，谷壳就仿佛是"黄色的衣裳"一样。稻以糠为外衣；麦以麸为外衣；粟、粱、黍、稷的果实则隐藏在毛羽之下。将外衣剥去，就得到了精细的食物，这种道理是显而易见的。

　　对饮食要求很高的人，粮食越精越好。加工粮食所用的杵臼，使万民得到便利，杵臼的工作原理就像卦象中的"小过"一样。制作杵臼的人，不是一般人而是天纵之才啊！

攻稻

　　凡稻刈获之后，离稿取粒。束稿于手而击取者半，聚稿于场而曳

天工开物

牛滚石以取者半。凡束手而击者，受击之物或用木桶，或用石板。收获之时，雨多霁少，田稻交湿，不可登场者，以木桶就田击取。晴霁稻干，则用石板甚便也。

【译文】

　　割完稻子之后，要从稻秆上取稻粒。一半人用手握着一把稻秆进行击打将稻粒震落，另一半人将稻秆放在场地上，然后用牛拉石磙来碾取稻粒。前者用来击打稻秆的物品是木桶或者石板。粮食收获的时候，如果雨天多晴天少，田里的稻子就会变湿，导致不能将稻秆拉到场地上，人们便在田间就地用木桶击取稻粒。晴天的时候稻子变干了，就用石板来击取稻粒，这样更为方便。

　　凡服牛曳石滚压场中，视人手击取者力省三倍。但作种之谷，恐磨去壳尖减削生机，故南方多种之家，场禾多借牛力，而来年作种者则宁向石板击取也。

【译文】

　　用牛拉石磙碾取稻粒，比用手击取稻粒要省力三倍。但是要做粮种的谷子，因为怕将其壳尖磨去而使生机减弱，所以南方种地多的人家，场地上的稻子就用牛拉石磙碾取，那些来年作为粮种的谷子只用手在石板上击取。

　　凡稻最佳者，九穰一秕。倘风雨不时，耘耔失节，则六穰四秕者容有之。凡去秕，南方尽用风车扇去。北方稻少，用扬法，即以扬麦、黍者扬稻，盖不若风车之便也。

天工开物

场中打稻图

最好的稻子，每十根稻秆中有九根长满稻穗，只有一棵上面的谷粒不饱满。如果碰上风雨不定的天气，耕地和除草没有赶上时机，那么就会出现六棵谷粒饱满、四棵谷粒不饱满的情况。南方的人都用风车将不饱满的谷子扇去；北方因为稻子产量较少，就用扬场的办法，即用扬麦、扬黍的方式来扬稻，但是这样没有用风车来得方便。

凡稻去壳用砻，去膜用舂、用碾。然水碓主舂，则兼并砻功。燥干之谷入碾亦省砻也。凡砻有二种，一用木为之，截木尺许（质多用松），斫合成大磨形，两扇皆凿纵斜齿，下合植笋穿贯上合，空中受谷。木砻攻米二千余石，其身乃尽。凡木砻，谷不甚燥者入砻亦不碎，故入贡军、国漕储千万，皆出此中也。一土砻，析竹匡围成圈，实洁净黄土于内，上下两面各嵌竹齿。上合篘空受谷，其量倍于木砻。谷稍滋湿者，入其中即碎断。土砻攻米二百石，其身乃朽。凡木砻必用健夫，土砻即屑妇弱子可胜其任。庶民饔飧皆出此中也。

去掉稻谷的壳要用砻，去皮时可以用舂的方法，也可以用碾的方式。如果用水碓来舂谷，也会起到用砻去壳一样的效果。干燥的谷子若用碾的方式去皮则可省去用砻去壳的步骤。砻有两种，一种是用木头做的。制作时截取一尺长的木头（多用松木），然后加工成大磨的形状，两扇都凿成纵斜齿轮状，下扇用榫与上扇接合。去壳时，将稻谷从上扇的扇孔中倒入，这种木砻大概磨谷两千石之后就损坏了。用木砻去壳时，如果谷子不干燥，加工时就不会被磨碎，因此那些上缴的军粮、用于漕运以及存储的粮食，多达千万石，都是用木砻加工的。还有一种土砻，是用竹子做成圆筐之后在中间放入干净的黄土，然后在上下两面都镶嵌上竹制的齿轮。上合用竹制漏斗来盛谷，可比木砻多装两倍的稻谷。稻谷如果稍微湿润一点，用土砻加工就会将其碎断。用土砻磨谷两百石之后，土砻就损坏了。用木砻加工时需要有壮年人去操作，用土砻加工时，妇女儿童也能胜任。百姓所吃的米都是用土砻加工的。

凡既砻，则风扇以去糠秕，倾入筛中团转。谷未剖破者，浮出筛面，重复入砻。凡筛，大者围五尺，小者半之。大者其中心偃隆而起，健夫利用；小者弦高二寸，其中平洼，妇子所需也。

【译文】

用砻去壳后，再用风扇将掺杂在稻谷中的糠秕扇去，然后再将稻谷放在筛子中团团转动。那些没有破壳的谷子就会浮出筛面，将这些没有去壳的谷子再放入砻中去壳。大的筛子方圆五尺长，小的筛子也有大筛的一半。大的筛子中间稍突起，适合健壮的人；小的筛子边上高两寸，中间比较平洼，适合妇女使用。

凡稻米既筛之后，入白而舂。白亦两种。八口以上之家，掘地藏石白其上。白量大者容五斗，小者半之。横木穿插碓头（碓嘴冶铁为之，用醋滓合上），足踏其末而舂之。不及则粗，太过则粉，精粮从此出焉。晨炊无多者，断木为手杵，其白或木或石，以受舂也。既舂以后，皮膜成粉，名曰细糠，以供犬豕之豢。荒歉之岁，人亦可食也。细糠随风扇播扬分去，则膜尘净尽而粹精见矣。

春米

　　稻米用筛子筛过后，放入臼中进行舂捣。臼也有两种。家有八口以上的大家庭，将地面挖开，然后将石臼放在挖开的地方。大的臼可以盛放五斗稻米，小的臼也能放二斗半。将横木插入碓头（碓嘴是铁做的，用醋淬将碓嘴和横木连上），然后用脚踩踏横木的尾端进行舂米。舂米不充分就会觉得米质粗糙，太过分则会米碎成粉，精米都是这样臼出来的。粮食吃得不多的人家，可以用木头做成手杵，臼可以是木制，也可以是石制，随后就可以舂米了。舂过后，谷皮就成了粉，被称作"细糠"，可以用于喂食犬、猪。收成不好的年份，人也可以吃细糠。细糠经过风车扬去皮膜和尘土之后，就能得到精白的大米了。

　　凡水碓，山国之人居河滨者之所为也。攻稻之法，省人力十倍，人乐为之。引水成功，即筒车灌田同一制度也。设臼多寡不一，值流水少而地窄者，或两三臼；流水洪而地室宽者，即并列十臼无忧也。江南信郡，水碓之法巧绝。盖水碓所愁者，埋臼之地卑则洪潦为患，高则承流不及。信郡造法，即以一舟为地，撅桩维之。筑土舟中，陷臼于其上。中流微堰石梁，而碓已造成，不烦斫木壅坡之力也。又有一举而三用者，激水转轮头，一节转磨成面，二节运碓成米，三节引水灌于稻田。此心计无遗者之所为也。

　　水碓是山区里居住在河边的人所用的东西。用水碓来加工稻谷，可以省下十倍的人力，人们也都乐意使用水碓。水碓引水的原理和筒车引水的原理是一样的。水碓上设置的臼数量不一，流水少且环境狭窄的地方，就设置两三臼；流水足且环境宽敞的地方，即使并排设置十个臼也不成问题。江南信郡制作水碓的方法十分绝妙。使用水碓时，需要担心的就是如果埋臼的地方地势过低，洪涝灾害时会被淹没；如果埋臼的地方地势很高，水流则有可能流不到。信郡在制造水碓时，以船作为场地，然后打桩，将船固定住。在船身放上泥土，再将臼埋在土里。要是在河的中流已填石筑造了堤坝，则不用在水碓周围打桩，水碓就造成了。更有一物三用的水碓：水流带动轮轴转动，水碓的第一节可以磨面，第二节可以舂米，第三节可以引水灌田。这是考虑事情很周到的人所制造出来的。

凡河滨水碓之国，有老死不见砻者，去糠去膜皆以臼相终始。惟风筛之法则无不同也。

【译文】

在使用水碓的河滨地区，有的人到死也没见过砻，这一带的人始终用石臼来去壳去糠。只有风车和筛子是各地都用的东西。

凡碾，砌石为之，承藉、转轮皆用石。牛犊马驹，惟人所使。盖一牛之力，日可得五人。但入其中者必极燥之谷，稍润则碎断也。

【译文】

碾子是用石头砌成的，碾盘和石磙也用石头制作。使用时，要靠人驱使牛马来拉碾。用牛拉碾一天，相当于五个人拉一天的效果。放入碾中的必须是干燥的稻谷，如果稻谷稍微有点儿湿润就会被碾碎。

　　凡小麦，其质为面。盖精之至者，稻中再舂之米；粹之至者，麦中重罗之面也。小麦收获时，束稿击取，如击稻法。其去秕法，北土用扬，盖风扇流传未遍率土也。凡扬不在宇下，必待风至而后为之。风不至，雨不收，皆不可为也。凡小麦既扬之后，以水淘洗尘垢净尽，又复晒干，然后入磨。

【译文】

　　小麦是做面粉的原料。稻谷加工到最精就是舂过两次的白米，小麦加工到最精就是细白的面粉。小麦收获之后，要用手握着麦秆击取麦粒，和击取稻谷的方法是一样的。给小麦去秕，北方人用的是扬场的方法，这是因为风车还没有在全国普及。扬场时不能在屋子里扬，而是要等待有风的时候再去屋外扬，在没有风或者雨下个不停的日子，不能进行扬场。小麦经过扬场后，用水将麦上的尘垢淘洗干净，然后再晒干，随后就可以入磨了。

　　凡小麦有紫、黄二种，紫胜于黄。凡佳者每石得面一百二十斤，劣者损三分之一也。凡磨大小无定形，大者用肥犍力牛曳转。其牛曳磨时用桐壳掩眸，不然则眩晕。其腹系桶以盛遗，不然则秽也。次者用驴磨，斤两稍轻。又次小磨，则止用人推挨者。

【译文】

　　小麦有紫色和黄色两个品种，紫色的要好于黄色的。如果是品质

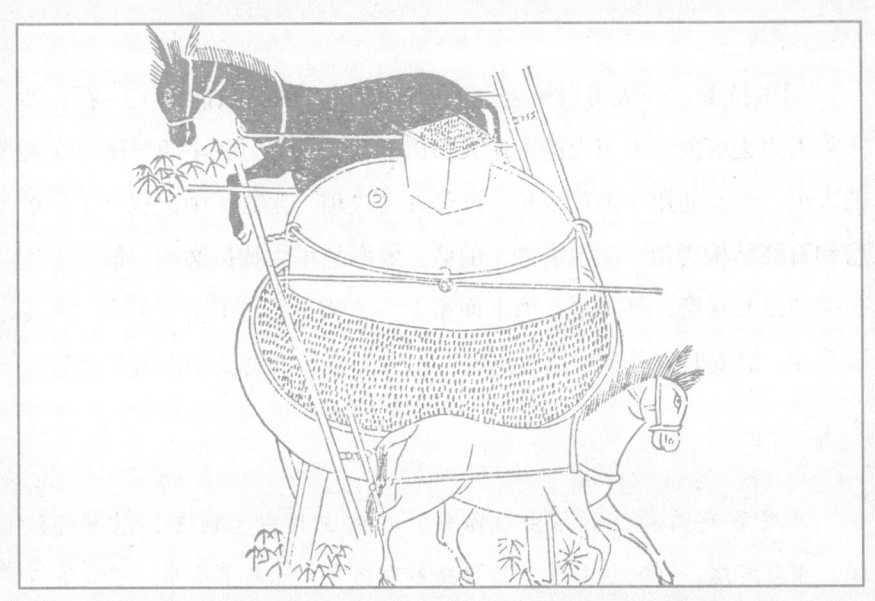

驴磨

好的麦，每石可以磨出一百二十斤面粉，稍差的麦就要损失三分之一的面粉。磨的大小没有固定的样式，大的磨需要驱赶被阉割的壮牛来拉。拉磨时，要用桐壳将牛的眼睛蒙住，这样牛就不会有眩晕的感觉。在牛的腹下系上一个桶，用来盛放牛的粪便，不然就会污秽不堪。小的磨可以用驴来拉，小磨的重量较轻。比小磨更小的磨，就只能用人力去拉了。

凡力牛一日攻麦二石，驴半之，人则强者攻三斗，弱者半之。若水磨之法，其详已载《攻稻·水碓》中，制度相同，其便刊又三倍于牛犊也。凡牛、马（磨）与水磨，皆悬袋磨上，上宽下窄，贮麦数斗于中，溜入磨眼。人力所挨则不必也。

用牛拉磨，一天可以磨麦两石；用驴拉磨的话只能加工一石；如果靠人力去磨麦，力气大的人一天可以加工三斗，力气小的要比力气大的人少一半。使用水磨的方法，已经在《攻稻·水碓》中记载过了，水磨和石磨结构类似，用水磨加工的话，效率是用牛犊拉磨的三倍。牛马拉的磨以及水磨，都需要在磨上面系上一个袋子，袋子上宽下窄，内装数斗麦，磨麦时麦从袋中落进磨眼。用人力推动的磨就不需要系上袋子了。

凡磨石有两种，面品由石而分。江南少粹白上面者，以石怀沙滓，相磨发烧，则其麸并破，故黑颣参和面中，无从罗去也。江北石性冷腻，而产于池郡之九华山者，美更甚。以此石制磨，石不发烧，其麸压至扁秕之极不破，则黑疵一毫不入，而面成至白也。凡江南磨二十日即断齿，江北者经半载方断。南磨破麸得面百斤，北磨只得八十斤，故上面之值增十之二，然面筋、小粉皆从彼磨出，则衡数已足，得值更多焉。

用于制造磨的石料有两种，面粉的品质也因所用石料的不同而不同。江南很少能够磨出细白的面粉，因为江南所用的石料含沙，会在磨面时摩擦发热，导致麦麸破碎，使黑麸混入面中，而且不能将其筛去。江北所用的石料性寒而细滑，那些产于池郡九华山的石料，品质就更好了。用这些石料制成的磨，就不会在磨面时发热，麦麸即使被压扁也不会破裂，黑麸皮就不会掺和到面里去了，所以磨出来的面十分细白。江南所制的磨，磨面二十次以后就会断齿，北方的磨则经过半年才断齿。南方的磨因为磨破了麸皮，所以一石麦可以磨面百斤，北方的磨则只有八十斤，因此上等的面的价格就会增值十分之二。面筋、淀粉也都能用北方的磨磨出，而且产量不少，所以能够得到更多的钱。

　　凡麦经磨之后，几番入罗，勤者不厌重复。罗匡之底，用丝织罗地绢为之。湖丝所织者，罗面千石不损。若他方黄丝所为，经百石而已朽也。凡面既成后，寒天可经三月，春夏不出二十日即郁坏。为食适口，贵及时也。凡大麦则就舂去膜，炊饭而食，为粉者十无一焉。荞麦则微加舂杵去衣，然后或舂或磨以成粉而后食之。盖此类之视小麦，精粗贵贱大径庭也。

【译文】

　　麦经过磨制之后，要多次放入罗中，勤劳的人会不厌重复。箩筐的底是用丝织绢制成的。用湖丝制成的罗底，即使罗面千石也不会破损。用其他诸如黄丝制成的罗底，罗面百石就会破损。面粉磨制成之后，冷天可以存放三个月，春夏时节不出二十天就会闷坏。所以为了吃到可口的食物，关键是要及时食用面粉。大麦在舂捣去膜之后，可以用来煮饭；如果用大麦来磨面粉，则产量就只有用小麦磨面的十分之一。荞麦稍微经过舂捣去膜之后，就可以用舂或磨的方法来制成粉，随后就能食用了。这些粮食和小麦相比，质地精细程度和价格都差了一大截。

罗面

攻黍、稷、粟、粱、麻、菽

　　凡攻治小米，扬得其实，舂得其精，磨得其粹。风扬、车扇而外，簸法生焉。其法：篾织为圆盘，铺米其中，挤匀扬播。轻者居前，撲弃地下。重者在后，嘉实存焉。

【译文】

　　加工小米，扬能得米粒，舂能得精米，磨能得粉。扬米除了用风扬、车扇之外，还可以用簸箕。方法是：先用竹篾编成圆盘，然后将小米铺在上面，均匀扬播。这样就会使重量轻的东西往前翻，并落在地上。重量大的就会往后靠，那些就是米粒。

　　凡小米舂、磨、扬、播制器，已详《稻》《麦》之中。唯小碾一制，在《稻》《麦》之外。北方攻小米者，家置石墩，中高边下，边沿不开槽。铺米墩上，妇子两人相向，接手而碾之。其碾石圆长如牛赶石，而两头插木柄。米堕边时，随手以小箒扫上。家有此具，杵臼竟悬也。

【译文】

　　加工小米所用的舂、磨、扬、播等方法以及所用的工具，都已经在《稻》《麦》中记叙清楚了。只有小碾这种工具没有记录在《稻》《麦》中。北方加工小麦的人家，会在家中放置一个石墩，石墩中间略高，四周略低，沿边不开槽。然后将米铺在石墩上，两个妇女面对面，用手推着石磙进行碾压。碾石呈长圆形，就像用牛拉的石磙一样，碾石两头插着木柄。小米被碾到石墩边缘时，就用扫帚扫到石碾中间。家中如果有石墩，就无须杵臼了。

凡胡麻刈获，于烈日中晒干，束为小把，两手执把相击，麻粒绽落，承藉以簟席也。凡麻筛与米筛小者同形，而目密五倍。麻从目中落，叶残角屑皆浮筛上而弃之。

芝麻在收割后，要在烈日下暴晒，然后将其捆成很多小把，一手拿一把，互相敲击，这样芝麻就会自动脱落，下面放上竹席接着。筛选芝麻的筛子和筛选小米的筛子形状差不多，但是筛眼要比筛小米时的筛眼密，大约为其五倍。芝麻从筛眼落下，筛完后把筛子上的残叶和角屑倒掉即可。

凡豆菽刈获，少者用枷，多而省力者仍铺场，烈日晒干，牛曳石赶而压落之。凡打豆枷，竹木竿为柄，其端锥圆眼，拴木一条，长三尺许，铺豆于场，执柄而击之。凡豆击之后，用风扇扬去荚叶，筛以继之，嘉实洒然入廪矣。是故，舂磨不及麻，碨碾不及菽也。

豆类在收割之后，如果豆子少，可以用打豆枷使其脱粒；如果豆子多，那么省力的方法就是将它们铺在场地上暴晒，然后再用牛拉着石磙来使其脱粒。打豆枷是以竹竿为手柄，在一段钻上圆孔，然后拴上一条木头，木头大概长三尺。打豆时，将豆铺在场地上，然后手握手柄，用打豆枷打豆，使豆子脱粒。豆子脱落之后，用风车将其荚叶扇去，然后再进行筛选。做完这些步骤之后，得到的豆子就可以放进仓库了。所以说，芝麻不需要舂和磨，豆类不需要磨和碾。

天工开物

作战

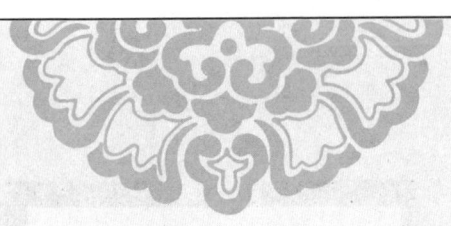

宋子曰，天有五气，是生五味。润下作咸，王访箕子而首闻其义焉。口之于味也。辛酸甘苦，经年绝一无恙。独食盐禁戒旬日，则缚鸡胜匹，倦怠恹然。岂非"天一生水"，而此味为生人生气之源哉？四海之中，五服而外，为蔬为谷，皆有寂灭之乡。而斥卤则巧生以待。孰知其（所）以然？

译文

宋子说，五行之气存于大自然，因此就有了五种味道。五行中的水能够产生咸味，周武王拜访箕子的时候才第一次听闻这其中的奥妙。口中所能尝到的味道，是酸甜苦辣，这四种味道哪怕常年不吃其中一味都不会有问题。唯独盐不能不吃，如果人十多天不吃盐的话，就会连缚鸡之力都没有，而且会疲倦不堪。《周易》上说"天一生水"，不就是说水中盐质的咸味是人类产生活力的源泉吗？四海之内，五服之外，都有不能栽种蔬菜和谷物的地方，但盐却到处都能出产，这其中的原因何在呢？

天工开物

盐产

凡盐产最不一：海、池、井、土、崖、砂石，略分六种，而东夷树叶、西戎光明不与焉。赤县之内，海卤居十之八，而其二为井、池、土碱。或假人力，或由天造。总之，一经舟车穷窘，则造物应付出焉。

【译文】

盐的来源不一，大致可分为六类，即海盐、池盐、井盐、土盐、崖盐和砂石盐，东夷的树叶盐和西戎的光明盐不包括在内。中国境内，十分之八是海盐，其余十分之二为井盐、池盐、土盐等。有些盐是人造的，有些盐是天然产出的。总之，那些用舟船很难到达的地方，总会有天然产出的盐。

海水盐

凡海水自具咸质。海滨地高者名潮墩，下者名草荡，地皆产盐。同一海卤传神，而取法则异。一法，高堰地，潮波不没者，地可种盐。种户各有区画经界，不相侵越。度诘朝无雨，则今日广布稻、麦稿灰及芦茅灰寸许于地上，压使平匀。明晨露气冲腾，则其下盐茅勃发。日中晴霁，灰、盐一并扫起淋煎。

【译文】

海水本就含盐。海滨一带，地势较高的地方叫作潮墩，地势较低的

煎炼法

地方叫作草荡，这两个地方均产盐。盐虽都是取自海水，提取的方法却有所不同。一种提取方法为在不被潮水冲刷的高地和堤坝上种盐。种盐的人都在自己的盐地上画上界限，互相不越界侵扰。估计着第二天不下雨，人们今天就将稻、麦秆灰和芦茅灰大范围地撒在地上，约厚一寸，并将其压得平整而均匀。到第二天清晨露气弥漫时，在那层灰层的下面就会长出盐。白天天放晴时，将灰层和盐一同扫起来，用水洗干净并煎炼即可得盐。

一法：潮波浅被地，不用灰压，候潮一过，明日天晴，半日晒出盐霜，疾趋扫起煎炼。一法：逼海潮深地，先掘深坑，横架竹木，上铺席苇，又铺沙于苇席之上。俟潮灭顶冲过，卤气由沙渗下坑中，撤去沙、苇，以灯烛之，卤气冲灯即灭，取卤水煎炼。总之，功在晴霁。若淫雨连旬，则谓之盐荒。又淮场地面，有日晒自然生霜如马牙者，谓之大晒盐。不由煎炼，扫起即食。海水顺风漂来断草，勾取煎炼，名蓬盐。

【译文】

另一种方法就是在地势低的地方，不用草木灰压，只要等待潮水一过，第二天天晴的时候，半天时间就能晒出盐霜，然后就快速地扫起煎炼。还有一个方法是将海潮引到地势低洼的地方，先在那里挖一个坑，然后在上面架上竹木，竹木上铺好席子，席子上又铺上沙子。等到海潮在上面冲过去，盐质就会透过沙子渗透到坑里去，随后人们就将沙子、席子撤去，将灯放于坑内，当盐卤气将灯火冲灭的时候，就可以取出卤水煎炼了。总之，做盐要靠天晴，如果连续下十多天的雨，就是盐荒。淮扬的晒盐场，经过日晒之后就会自然生成像马牙一样的盐霜，这个被称为"大晒盐"。这种盐不用经过煎炼，直接扫起就能食用。有些断草会在顺风时随着海水漂来，人们将其勾取煎炼，所得的盐被称为"蓬盐"。

凡淋煎法，堀坑二个，一浅一深。浅者尺许，以竹木架芦席于上，将扫来盐料（不论有灰无灰，淋法皆同），铺于席上。四周隆起，作一堤垱形，中以海水灌淋，渗下浅坑中。深者深七八尺，受浅坑所淋之汁，然后入锅煎炼。

【译文】

淋煎法，就是在地上挖两个坑，一个深一个浅，浅的坑深一尺左右，然后在上面架上竹木，铺上芦席，将扫来的盐料（不管有没有灰，淋洗法都相同）铺在席子上。席子四周微微隆起，形成堤坝状，然后就在中间用海水灌淋，使盐质渗透到坑里去。深的坑有七八尺，用于承接浅坑之内的卤水，随后将卤水入锅煎炼。

凡煎盐锅古谓之"牢盆"，亦有两种制度。其盆周阔数丈，径亦丈许。用铁者以铁打成叶片，铁钉拴合，其底平如盂，其四周高尺二寸，其合缝处一经卤汁结塞，永无隙漏。其下列灶燃薪，多者十二三眼，少者七八眼，共煎此盘。南海有编竹为者，将竹编成阔丈深尺，糊以蜃灰，附以釜背。火燃釜底，滚沸延及成盐，亦名"盐盆"，然不若铁叶镶成之便也。凡煎卤未即凝结，将皂角椎碎，和粟米糠二味，卤沸之时，投入其中搅和，盐即顷刻结成。盖皂角结盐，犹石膏之结腐也。

　　煎炼盐所用的锅，古代称为"牢盆"，也有两种款式。牢盆周长有数丈，直径也有一丈左右。用铁制成的牢盆，是将铁打成铁片后，用铁钉栓合而成。牢盆的底面和盂一样平，四周高一尺二寸，缝合处被煎炼后残留的盐质堵塞，这样能使牢盆永不渗漏。在牢盆下面设置一排灶，多的时候有十二三个灶眼，少的话也有七八个，然后同时烧火来煎煮牢盆。南方沿海地区有用竹子编成的牢盆，这种牢盆阔为一丈，深为一足，在盆背糊有蜃灰。盆下烧水，煮沸的卤水就会逐渐变成盐，因此这种牢盆又被称为"盐盆"，但它没有铁制的牢盆方便。在煎炼卤水时，不等卤水凝结就要将皂角捣碎，然后伴着粟米糠，在卤水沸腾的时候投入锅中，接着搅拌混合，随后就凝成了食盐。用皂角结盐，就好比用石膏来凝固豆腐一样。

　　凡盐，淮扬场者，质重而黑，其他质轻而白。以量较之，淮场者一升重十两，则广浙长芦者，只重六七两。凡蓬草盐不可常期，或数年一至，或一月数至。凡盐见水即化，见风即卤，见火愈坚。凡收藏不必用仓廪，盐性畏风不畏湿，地下叠稿三寸，任从卑湿无伤。周遭以土砖泥隙，上盖茅草尺许，百年如故也。

晒盐

　　淮扬盐场出产的盐，分量重而且外表黑，其他地区所产的盐则质轻而白。在重量的对比上，淮扬盐场一升盐重十两，广东、浙江、长芦的盐场所产的盐，一升只有六七两重。蓬草盐不能长期制作，因为这些草或数年漂来一次，或一个月漂来数次。盐遇水就化，遇风即卤，遇火愈坚。储藏盐不必将其放在仓库中，盐怕风不怕湿，因此只要在地上铺上三寸厚的稻草，那么就算将盐放于低洼的湿地也没关系。如果四周有土砖砌成的墙，墙缝用泥塞紧，再在上面盖上一寸厚的茅草，那盐即使在里面放上一百年也不会变质。

甘嗜

宋子曰，气至于芳，色至于艳，味至于甘，人之大欲存焉。芳而烈，艳而艳，甘而甜，则造物有尤异之思矣。世间作甘之味，什八产于草木，而飞虫竭力争衡，采取百花，酿成佳味，使草本无全功。孰主张是而颐养遍于天下哉？

译文

宋子说，芬芳的气味，艳丽的色彩，甘醇的味道，是人们所希望的。有些东西天然就香气袭人，鲜艳美丽，甘醇甜美，这些都是大自然特意的安排。世间能产生甜味的东西中，甘蔗占据了十分之八，而且蜜蜂也会争衡，采百花之蜜酿成蜂蜜，使甘蔗不能独享尊荣。是什么让甘蔗和蜂蜜产生了甜味而滋养了天下人呢？

蔗品

凡荻蔗造糖，有凝冰、白霜、红砂三品。糖品之分，分于蔗浆之老嫩。凡蔗性至秋渐转红黑色，冬至以后由红转褐，以成至白。五岭以南无霜国土，蓄蔗不伐以取糖霜。若韶、雄以北，十月霜侵，蔗质遇霜即杀，其身不能久待以成白色，故速伐以取红糖也。凡取红糖，穷十日之力而为之。十日以前，其浆尚未满足。十日以后，遇霜气逼侵，前功尽弃。故种蔗十亩之家，限制车、釜一副，以供急用。若广南无霜，迟早惟人也。

【译文】

　　用荻蔗制糖，能制出冰糖、白霜糖和红砂糖三个品种。糖的品质取决于蔗浆的老嫩。甘蔗在秋天之后就会转为深红色，冬至过后就会由深红色转为褐色，最后变成白色。五岭以南那些没有霜的地区，都不将荻蔗砍掉，而是留着用来制糖。但广东韶关，南雄以北的地区，过了十月就会霜降，甘蔗遇霜就会遭到破坏，因此人们　　　　　不等甘蔗变成白色，而是迅速将其砍掉，用来制红糖。制取红糖要尽量在霜降前的十天内完成，若是霜降十天前就做，则蔗浆就不充足，如果在霜降后十天再去做，则蔗浆的品质会被霜气破坏，就会前功尽弃。因此种有十亩甘蔗的人家，需要制造一套造糖用的糖车和釜，以备急用。像广东南部没有霜降的地区，那么砍伐甘蔗的时间早晚就由人们自己决定了。

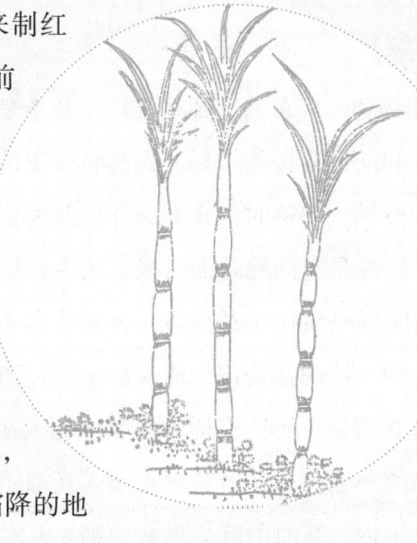

甘蔗

造白糖

凡闽、广南方经冬老蔗，用车同前法。筅汁入缸，看水花为火色。其花煎至细嫩，如煮羹沸，以手捻试，粘手则信来矣。此时尚黄黑色，将桶盛贮，凝成黑沙。然后以瓦溜（教陶家烧造）置缸上。其溜上宽下尖，底有一小孔，将草塞住，倾桶中黑沙于内。待黑沙结定，然后去孔中塞草，用黄泥水淋下。其中黑滓入缸内，溜内尽成白霜。最上一层厚五寸许，洁白异常，名曰洋糖（西洋糖绝白美，故名），下者稍黄褐。

【译文】

用福建、广东南部那些经历了整个冬天的老甘蔗来制糖，使用糖车的方法和前面所说的一样。先是将榨出的糖汁存于缸内，然后在熬糖的时候观察糖汁沸腾时的水花，并以此为根据来控制火候。当水花呈现小泡状，好像是肉汤沸腾的时候，用手捻试，如果粘手就说明火候差不多了。这时候糖浆还是黄黑色，将糖浆存于桶内，让糖浆凝成黑沙状。随后将瓦溜（请陶家烧造）放在缸上。瓦溜上宽下尖，底部有一个小孔，用草将其塞住，然后将桶内的黑沙倒入瓦溜中。等到黑沙凝固之后，就将孔中的草去掉，并将黄泥水倒入瓦溜中，这时候那些黑色的物质就会被淋入缸内，瓦溜中就会形成白糖。瓦溜的最上面一层糖厚五寸多，十分洁白，称作"洋糖"（因为西洋糖特别白，故名），瓦溜下层的糖则稍呈黄褐色。

造冰糖者，将洋糖煎化，蛋青澄去浮滓，候视火色。将新青竹破成篾片，寸斩，撒入其中。经过一宵，即成天然冰块。造狮、象、人物等，质料精粗由人。

【译文】

制作冰糖时，需要将白糖熬化，然后用鸡蛋清去掉浮滓，并注意观察火候。接着将新生的竹子做成篾片，篾片长约一寸，然后放于糖汁中。熬煮一晚之后，就会形成像天然冰块一样的冰糖了。要是想做成狮子、大象、人物等样子的糖，质料的精细由人自行决定。

凡冰糖有五品："石山"为上，"团枝"次之，"瓮鉴"次之，"小颗"又次，"沙脚"为下。

【译文】

冰糖有五个品级："石山"为最上品，"团枝"二等，"瓮鉴"三等，"小颗"四等，而"沙脚"为最下品。

蜂蜜

凡酿蜜蜂普天皆有，唯蔗盛之乡，则蜜蜂自然减少。蜂造之蜜，出山岩土穴这十居其八，而人家招蜂造酿而割取者，十居其二也。凡蜜无定色，或青或白，或黄或褐，皆随方土、花性而变。如菜花蜜、禾花蜜之类，百千其名不止也。

蜂房

【译文】

　　酿蜜的蜜蜂普天之下都有，只有盛产甘蔗的地方蜜蜂才会自然而然地减少。能酿蜜的蜜蜂，十分之八是源自土岩土穴的野蜂，而人工饲养的酿蜜蜜蜂只占了十分之二。蜂蜜没有固定的颜色，有的是青色，有的是白色，有的是黄色，有的是褐色，都是受各地环境和花性的影响。如菜花蜜、禾花蜜一类的蜂蜜，名目有成千上万。

凡蜂不论于家于野，皆有蜂王。王之所居，造一台如桃大，王之子世为王。王生而不采花，每日群蜂轮值，分班采花供王。王每日出游两度（春夏造蜜时），游则八蜂轮值以侍。蜂王自至孔隙口，四蜂以头顶腹，四蜂傍翼，飞翔而去。游数刻而返，翼顶如前。

【译文】

蜜蜂无论是野蜂还是家蜂，都会有蜂王。群蜂会在蜂王居住的地方铸造一个像桃子一样大的台，蜂王之子世代为王。蜂王出生之后是不用采花的，每天会有群蜂分班采花酿蜜提供给蜂王食用。蜂王每天会出游两次（在春夏造蜜的时节），出游时会有八只蜜蜂轮流服侍。蜂王行至蜂巢口时，四只蜜蜂用头顶着蜂王的腹部，其余四只蜜蜂伴着飞去。蜂王出游没多久就会返回，回去的时候，还是按照刚才头顶腹部的方式回去。

畜家蜂者，或悬桶檐端，或置箱牖下。皆锥圆孔眼数十，俟其进入。凡家人杀一蜂二蜂皆无恙，杀至三蜂，则群起蜇人，谓之"蜂反"。凡蝙蝠最喜食蜂，投隙入中，吞噬无限。杀一蝙蝠悬于蜂前，则不敢食，俗谓之"枭令"。凡家畜蜂，东邻分而之西舍，必分王之子去而为君，去时如铺扇拥卫。乡人有撒酒糟香而招之者。

花开引蜂

养家蜂的人家，有的在屋檐上挂桶养蜂，有的在窗下放置箱子养蜂。不管是桶还是箱子，都会用锥子在上面钻上数十个圆孔，供蜜蜂进入。家人如果打死一只两只蜜蜂不会有事，但是如果打死三只及以上时，蜜蜂就会群起而蜇人，这叫"蜂反"。蝙蝠喜欢吃蜜蜂，时常乘机钻入蜂巢吃掉无数的蜜蜂。如果将一只蝙蝠杀了并悬挂在蜂桶前，那么其余蝙蝠就不敢来吃蜜蜂了，这叫作"枭令"。蓄养蜜蜂的人家，如果要将蜜蜂分房，就必须将蜂王之子分出去作为另一群的蜂王，这样才能使群蜂化成扇形拥簇新蜂王离去。也有些乡人撒酒糟，利用香气来吸引蜂群进行分房的。

凡蜂酿蜜，造成蜜脾，其形鬣鬣然。咀嚼花心汁，吐积而成，润以人小遗，则甘芳并至，所谓"臭腐神奇"也！凡割脾取蜜，蜂子多死其中，其底则为黄蜡。凡深山崖石上有经数载未割者，其蜜已经时自熟，土人以长竿刺取，蜜即流下。或未经年而扳缘可取者，割炼与家蜜同也。土穴所酿多出北方，南方卑湿，有崖蜜而无穴蜜。凡蜜脾一斤炼取十二两（蜜）。西北半天下，盖与蔗浆分胜云。

蜜蜂酿蜜时，先是造蜜脾，蜜脾外形就像整齐的鬣毛。蜜蜂先用嘴吮吸花心的花蜜，然后吐积成蜜，有时蜜蜂也会吮吸人的小便，让蜂蜜更加香气怡人，这就是所谓的"化腐朽为神奇"！割去蜜脾炼制蜂蜜时，幼蜂大多死于其中，蜜脾底部为黄色蜂蜡。深山崖壁上有几十年未被割下的蜜脾，这里面的蜂蜜已经成熟了，当地人就用长竿刺蜜脾，蜂蜜顺着长竿留下。未满一年的蜜脾，人能够将其取下来炼制蜂蜜，方法就和炼取家蜂的蜜脾一样。土穴所酿之蜜大多出自北方，南方湿润，有崖蜜而无穴蜜。一斤重的蜜脾能炼制十二两蜂蜜。西北地区所产的蜂蜜占全国总产量的一半，可以与南方的蔗浆相媲美。

微信扫码

☑拓展视频 ☑图文资讯
☑趣味测评 ☑阅读分享

膏液

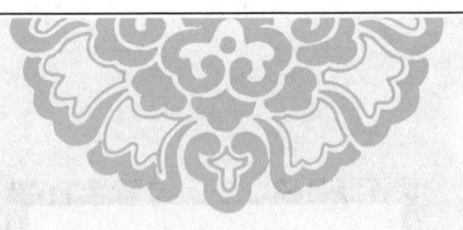

　　宋子曰，天道平分昼夜，而人工继晷以襄事，岂好劳而恶逸哉？使织女燃薪，书生映雪，所济成何事也？草木之实，其中蕴藏膏液，而不能自流。假媒水火，凭借木石，而后倾注而出焉。此人巧聪明，不知于何禀度也。

译文

　　宋子说，天道将一天平分为黑夜和白天，而人类却在晚上点灯继续做事，这是好劳恶逸吗？让织女在燃烧的柴光下织布，让书生映着雪

榨油

光看书，这又能做成什么事情呢？草木的果实中蕴藏着油脂，但这些油脂不会自己流出，人要借助于水火，或者通过木榨和石磨，才能将果实中的油脂弄出来。人的这些技巧和智慧，从何时传下来就不得而知了。

人间负重致远，恃有舟车。乃车得一铢而辖转，舟得一石而罅完，非此物之为功也不可行矣。至菹蔬之登釜也，莫或膏之，犹啼儿之失乳焉。斯其功用一端而已哉。

译文

在人间，人要是将重物托运到远方，只有借助于舟车。车子的车轮需要一点润滑剂才能够运转；船需要大量的油才能将船体上的空隙堵住。如果没有油，车和船就都无法使用。至于在锅里炒菜，如果没有油，就好比婴孩没有乳汁喂养一样，菜就不能做了。这些只是油料作用的一个方面罢了。

油品

凡油供馔食用者，胡麻（一名脂麻）、莱菔子、黄豆、菘菜子（一名白菜）为上，苏麻（形似紫苏，粒大于胡麻）、芸苔子（江南名菜子）次之，茶子（其树高丈余，子如金罂子，去肉取仁）次之，苋菜子次之，大麻仁（粒如胡荽子，剥取其皮，为绹索用者）为下。

天工开物

【译文】

　　用于食用的油，以芝麻（一名脂麻）、萝卜子、黄豆、菘菜子（一名白菜）制成的为最好，用苏麻（形似紫苏，粒大于芝麻）、芸苔子（江南名菜子）制成的稍次，用茶子（其树高丈余，子如金罂子，去肉取仁）制成的次之，用苋菜子制成的次之，用大麻仁（粒如胡荽子，其皮剥下可用于制作绳索）制成的为最次。

胡麻

　　燃灯则柏仁内水油为上，芸苔次之，亚麻子（陕西所种，俗名壁虱脂麻，气恶不堪食）次之，棉花子次之，胡麻次之（燃灯最易竭），桐油与柏混油为下（桐油毒气熏人，柏油连皮膜则冻结不清）。造烛则柏皮油为上，蓖麻子次之，柏混油每斤如入白蜡冻结次之，白蜡结冻诸清油又次之，樟树子油又次之（其光不减，但有避香气者），冬青子油又次之（韶郡专用，嫌其油少，故列次）。北土广用牛油，则为下矣。

【译文】

　　用于点灯的油以柏仁中的水油为最好；其次是油菜子油、亚麻子油（种于陕西，俗称壁虱脂麻，因气味不好而不堪食用）；接下来就是棉花子油和芝麻油（用于点灯消耗极大）；桐油和柏的混合油为下品（桐油毒气熏人，柏油连着皮膜，冻结不清）。制作蜡烛的话以柏皮油为上品；稍差点的是蓖麻子油；其次是每斤柏混油加入白蜡面混合而成的油；再次就是加白蜡之后凝成的各种清油；而樟树籽油又次之（点燃时光亮不减，但是有人不喜其气味）；冬青子油又次之（韶郡专用，嫌其油少，故列次等）。北方多用牛油，为最下品。

　　凡胡麻与蓖麻子、樟树子，每石得油四十斤。莱菔子每石得油二十七斤（甘美异常，益人五脏）。芸苔子每石得三十斤，其耨勤而地沃、榨法精到者，仍得四十斤（陈历一年，则空内而无油）。茶子每石得油一十五斤（油味似猪脂，甚美，其枯则止可种火及毒鱼用）。桐子仁每石得油三十三斤。柏子分打时，皮油得二十斤、水油得十五斤，混打时共得三十三斤（此须绝净者）。冬青子每石得油十二斤。黄豆每石得油九斤（吴下取油食后，以其饼充豕粮）。菘菜子每石得油三十斤（油出清如绿水）。棉花子每百斤得油七斤（初出甚黑浊，澄半月清甚）。苋菜子每石得油十斤（味甚甘美，嫌性冷滑）。亚麻、大麻仁每石得油二十余斤。此其大端。其他未穷究试验，与夫一方已试而他方未知者，尚有待云。

【译文】

　　用芝麻、蓖麻子与樟树子榨油，每石大概可以榨出四十斤油。每石萝卜籽可以榨出二十七斤油（味道甘美，对人的五脏有益）。每石油菜籽可以榨出三十斤油，如果耕地和除草勤快些，榨油的方法精到，则可以得四十斤油（如果油菜籽空放一年，

黄豆

炒制油料

则内部就会没有油分）。每石茶子可以榨油十五斤（油味类似于猪肝，味道鲜美，油渣只可以用来点火或毒鱼）。每石桐子仁可以榨油三十三斤。乌桕子的皮和果实可以分开榨油，可榨取皮油二十斤，水油十五斤；不分开榨取时可榨油三十三斤（子和皮都很干净的情况下）。每石冬青子可榨油十二斤。每石黄豆可榨油九斤（吴下地区食用此油，榨完的豆渣制成豆饼喂猪）。每石菘菜子可榨油三十斤（油澄清之后类似于绿水）。每百斤棉花子可榨油七斤（刚榨完时浑浊而黑，沉淀半个月后就清澈了）。每石苋菜子可榨油十斤（味道很好，但性冷滑）。每石亚麻、大麻仁可榨油二十多斤。这些只是大致情况，其他情况还没有一一研究实验，或者其他只在一个地方实验而没有在其他地方实验的，还有待考察。

乃服

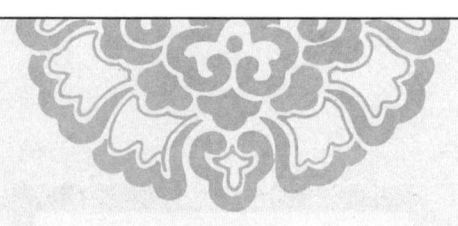

宋子曰，人为万物之灵，五官百体，赅而存焉。贵者垂衣裳，煌煌山龙，以治天下。贱者裋褐枲裳，冬以御寒，夏以蔽体，以自别于禽兽。是故其质则造物之所具也。属草本者为枲麻苘葛，属禽兽与昆虫者为裘褐丝绵，各载其半，而裳服充焉矣。

译文

古代衣服

宋子说，人是所有物种里面最具有灵气的了，各种器官都非常齐备。身份高贵的人穿着绣有大山、翔龙等图案的华丽衣裳是为了统治天下。身份低贱的人穿着粗布麻衣是为了能在冬天抵御寒冷，夏天遮蔽身体，将自己和禽兽区分开。这些衣服的材料都是自然中原先便拥有的，其中属于植物类的有棉、大麻、苘麻和葛，属于禽兽和昆虫类的有皮、毛、丝、绵，这两种类型的材料只要拥有一半，就足够用来制作衣服了。

布衣、枲著、夏服

凡棉布御寒，贵贱同之。棉花古书名枲麻，种遍天下。种有木棉、草棉两者，花有白、紫二色，种者白居十九，紫居十一。

【译文】

用来御寒的棉布，高贵与低贱的人都一样使用。古书中将棉花称作枲麻，这种植物各地都有种植。棉花分为木棉和草棉两种，开出的花有白、紫两种颜色，通常白色占十分之九，紫色占十分之一。

凡棉春种秋花，花先绽者逐日摘取，取不一时。其花粘子于腹，登赶车而分之。去子取花，悬弓弹化（为挟纩温衾袄者，就此止功）。弹后以木板擦成长条，以登纺车，引绪纠成纱缕，然后绕篗牵经就织。凡纺工能者一手握三管，纺于锭上（捷则不坚）。

【译文】

棉花不论什么品种都是在春天进行播种，到了秋天便可以结出棉桃。将先裂开的棉桃逐日摘下，不要在同一个时间一起摘下。棉絮里面粘着棉籽，想要把它们分开必须要用轧花、脱子的赶车才行。棉絮去过籽之后，要用弹弓将它弹松（用于制作棉被或者棉衣的棉花，做到这一步就可以了）。弹过的棉花用木板搓成长条，放在纺车上。纺车牵引棉绺，将它们纺成棉纱，纺好的棉纱被缠绕在篗子上之后，便可以牵经织布了。善于纺织的能手能够一手握住三个纺锤，将三根棉纱同时纺在锭子上（纺得太快，棉纱便不结实）。

凡棉布寸土皆有，而织造尚松江，浆染尚芜湖。凡布缕紧则坚，缓则脆。碾石取江北性冷质腻者（每块佳者值十余金），石不发烧，则缕紧不松泛。芜湖巨店，首尚佳石。广南为布薮而偏取远产，必有所试矣。为衣敝浣，犹尚寒砧捣声，其义亦犹是也。

【译文】

所有的地方都生产棉布，但是织造水平最高的要数淞江的，浆染水平最好的要数芜湖。布缕织得紧凑就结实，织得稀疏就不结实。染布用的碾石应该要用江北性冷细腻的石料（好的碾石一块要十多两银子），这样碾布的时候石料不会发热，布缕也紧实不松散。芜湖名气大的染店，最重视的就是使用好的碾石。广南是棉布聚集的生产地，却偏偏使用远处所产的碾石，这肯定是做过试验的。浆洗旧衣服的时候，要在性冷的石板上捶打，这其中的道理也是一样的啊。

外国朝鲜，造法相同，惟西洋则未核其质，并不得其机织之妙。凡织布有云花、斜纹、象眼等，皆仿花机而生义。然既曰布衣，太素足矣。织机十室必有，不必具图。

【译文】

国外的朝鲜，织布的方法和我们相同，只有西洋人没有搞清楚棉布的原料，也不懂得机织的原理。但凡织布上有云花、斜纹、象眼之类的花纹，都是按照花机的原理织成的。但是，既然它们被叫作布衣，那么只要保持布衣本来的样子就足够了。织机这种东西，每十户人家里便会有一台，没有必要在这里附上图画了。

枲著。凡衣衾挟纩御寒，百人之中，止一人用茧绵，余皆枲著。古缊袍，今俗名"胖袄"。棉花既弹化，相衣衾格式而入装之。新装者附体轻暖，经年板紧，暖气渐无，取出弹化而重装之，其暖如故。

【译文】

棉衣。凡是用棉衣和棉被来御寒的人，一百个里面只会有一个人在里面加入丝绵，其他的人都只是用棉花而已。古时候的缊袍，在今天被

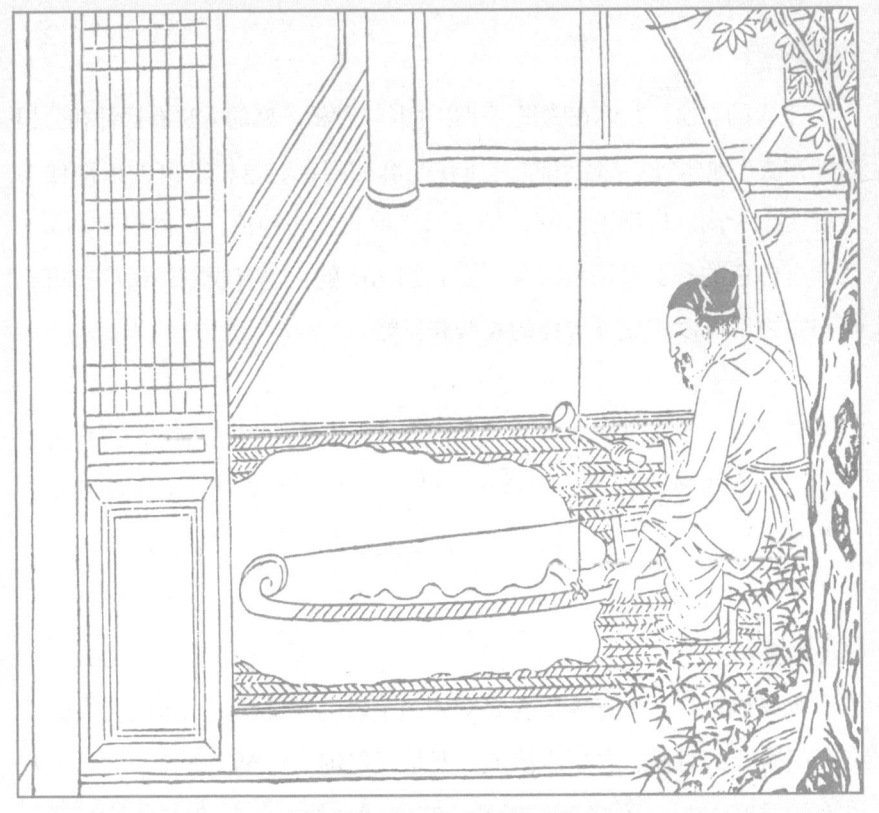

弹棉

俗称为"胖袄"。棉花弹好之后，便根据衣服或者被子的形状装进去。新做好的棉衣穿起来贴身轻便又保暖，穿的时间久了之后，棉衣便会变得死板又紧巴巴的，慢慢的也不再暖和。这个时候，把棉花从衣服或者被子里面取出来弹松，然后再重新装回去，棉衣或者被子就会像以前一样暖和。

　　夏服。凡苎麻无土不生。其种植有撒子、分头两法（池郡每岁以草粪压头，其根随土而高。广南青麻，撒子种田茂甚）。色有青、黄两样。每岁有两刈者、有三刈者，绩为当暑衣裳、帷帐。

【译文】

　　夏天的衣服。苎麻在哪里都可以生长。种植苎麻的方法有播种和分根两种方法（池州每年都会用草粪压在苎麻的根部，这样苎麻的根部便会顶着压土长高。广南的青麻，是采用播种的方法种植，长得很茂盛）。苎麻有青色的和黄色两种。每年有收割两次的、也有收割三次的苎麻，收割完之后可以织成夏天穿的衣服和帷帐。

　　凡苎皮剥取后，喜日燥干，见水即烂。破析时则以水浸之，然只耐二十刻，久而不析亦烂。苎质本淡黄，漂工化成至白色（先取稻灰、石灰水煮过，入长流水再漂，再晒，以成至白）。

【译文】

　　凡是剥过皮后的苎麻，喜好阳光和干燥的环境，碰见水便会腐烂。将麻皮撕开的时候，要用水浸泡，但是只能泡二十刻（五个小时），若浸泡的时间太长又不将麻皮撕开，苎麻就会腐烂。苎麻本身是淡黄色的，漂洗之后便会变成白色（苎麻要先用稻草灰、石灰水煮过，再在流动的水里漂洗，然后再晾晒，这样就会变为白色）。

纺苎纱，能者用脚车，一女工并敌三工。惟破析时，穷日之力只得三五铢重。织苎机具与织棉者同。凡布衣缝线、革履串绳，其质必用苎纠合。

【译文】

纺苎纱的时候，熟练的人会用脚踏纺车来纺，一个女工可以抵过三个工人。若只是撕破麻皮，耗尽一天的时间也只能得到三五铢重的纤维。织苎麻的织机和织棉的一样。凡是布衣用的缝线、做皮鞋用的串绳，都是用苎麻搓成的。

凡葛蔓生，质长于苎数尺，破析至细者，成布贵重。又有苘麻一种，成布甚粗，最粗者以充丧服。即苎布，有极粗者，漆家以盛布灰，大内以充火炬。又有蕉纱，乃闽中取芭蕉皮析、绩为之，轻细之甚，值贱而质枵，不可为衣也。

葛

【译文】

只要是葛，便都是蔓生的，葛的纤维比苎麻长数尺。破析破得很细的葛纤维，织成的布非常昂贵。还有一种苘麻，织成的布非常的粗糙，

天工开物

〇七九

最粗糙的那种被用来做丧服。就算是苎麻布，也有质地非常粗糙的，漆工用它蘸着灰擦拭漆器，宫里用它来当作火把。还有一种蕉纱，乃是福建地区农民将芭蕉皮破析、纺织做成的，非常轻细，不值钱也不结实，不能用来做衣服。

微信扫码

☑拓展视频　☑图文资讯
☑趣味测评　☑阅读分享

彰施

宋子曰，霄汉之间，云霞异色；阎浮之内，花叶殊形。天垂象而圣人则之，以五彩彰施于五色，有虞氏岂无所用其心哉？飞禽众而凤则丹，走兽盈而麟则碧。夫林林青衣望阙而拜黄朱也，其义亦犹是矣。君子曰："甘受和，白受采。"世间丝、麻、裘、褐皆具素质，而使殊颜异色得以尚焉。谓造物而不劳心者，吾不信也。

译文

宋子说，云霄和天河之间，有颜色各异的云霞；人世之间，有形态各异的花叶。圣人看到上天营造出的这种色彩缤纷的景象，便去效法，他们用五种染料将衣服染成青、黄、赤、白、黑五种颜色，虞舜这样做难道是没有用心的吗？众多的飞禽中只有凤凰是红色的，遍野的走兽里只有麒麟是青色的。林林总总的人穿着黑色衣服，望向皇宫朝拜的官员穿着黄中带红颜色衣服，也是同样的道理。君子说："甜味可以调和多种味道，白色的东西可以染成各种颜色。"世间的丝、麻、裘、褐都是白色的，皆因能够染上其他的颜色而受到尊崇。如果说造物者没有尽心费力地去安排，我是不相信的。

诸色质料

大红色。其质红花饼一味，用乌梅水煎出，又用碱水澄数次。或稻稿灰代碱，功用亦同。澄得多次，色则鲜甚。染房讨便宜者先染芦木打脚。凡红花最忌沉、麝，袍服与衣香共收，旬月之间，其色即毁。凡红花染帛之后，若欲退转，但浸湿所染帛，以碱水、稻灰水滴上数十点，其红一毫收转，仍还原质。所收之水藏于绿豆粉内，放出染红，半滴不耗。染家以为秘诀，不以告人。

【译文】

大红色。染大红色的染料只有红花饼一种，红花饼用乌梅水进行煎煮，再用碱水进行数次澄清。用稻稿灰代替碱水，效果是一样的。反复多次澄清，颜色便十分鲜艳。那些贪图便宜的染房，会先用芦木水染色打底，然后才用红花水染色。红花最忌讳沉香、麝香，如果将红色的衣服和这两种熏衣香一同放置，三个月左右，颜色便会褪掉。凡是用红花染过色的帛，如果想要再退回本色，可以撒上数十滴碱水、稻灰水，这样红色便会全部褪掉，仍然还原本色。用不完的红花水可以收藏在绿豆粉中，以后再拿出来染色，这样便一点儿都不浪费。染房把这件事情当做秘密，不告诉别人。

练染

天工开物

〇八三

天青色入靛缸浅染，苏木水盖。葡萄青色入靛缸深染，苏木水深盖。蛋青色黄檗水染，然后入靛缸。翠蓝、天蓝二色俱靛水、分深浅。玄色靛水染深青，栌木、杨梅皮等分煎水盖。又一法，将蓝芽叶水浸，然后下青矾、梧子同浸，令布帛易朽。月白、草白二色俱靛永微染，今法用苋蓝煎水，半生半熟染。象牙色栌木煎水薄染，或用黄土。藕褐色苏木水薄染，入莲子壳、青矾水薄盖。附：染包头青色。此黑不出蓝靛，用栗壳或莲子壳煎煮一日，滤起，然后入铁砂、皂矾锅内，再煮一宵即成深黑色。

　　染天青色需要先将布放入靛缸中浅染，再用苏木水盖染。染葡萄青色要将布放入靛缸中深染，然后用苏木水深盖染。染蛋青色，要将布放入黄檗水中进行染色，然后再放入靛缸中染色。染翠蓝或天蓝这两种颜色，都是用靛水来染色，只是分深浅而已。染黑色的话，要将布放入靛水中染至深青，然后用芦木、杨梅皮等分开煎煮后进行盖染。染黑色还有一种方法，即将蓝芽叶子浸泡在水中，然后放入青矾、梧子一同浸泡，不过这样染出的布容易朽烂。月白色和草白色都是用靛水微微染色，现如今的方法是用苋蓝煎水，在苋蓝水煮到半生半熟的时候在将布放下去染色。象牙色要用芦木煎水轻轻的染，或者用黄土来染色。藕褐色要用苏木水轻轻地染，然后放入莲子壳、青矾水薄薄地盖染。附：要是染包头巾用的那一种黑色的话，不用蓝靛来染，要把栗壳或莲子壳煎煮一日，滤出，然后在锅里放入铁砂、皂矾煮一夜便可以成为深黑色。

五金

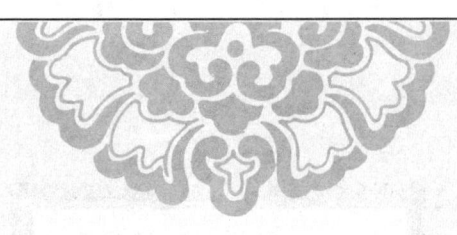

宋子曰，人有十等，自王公至于舆台，缺一焉而人纪不立矣。大地生五金，以利天下与后世，其义亦犹是也。贵者千里一生，促亦五六百里而生。贱者舟车稍艰之国，其土必广生焉。黄金美者，其值去黑铁一万六千倍。然使釜、鬻、斤、斧不呈效于日用之间，即得黄金，值高而无民耳。贸迁有无，货居《周官》泉府，万物司命系焉。其分别美恶而指点重轻，孰开其先，而使相须于不朽焉？

译文

宋子说，人分成十个等级，自王公到舆台，缺了其中的一级，等级制度便不能建立。大地出产五金，用来惠泽天下和后人，也是这样的道理。贵重的金属，一千里才有一处有出产，就是近的也要五六百里才有一处出产。低贱的金属，即使是在舟车难通的地区，也到处都有出产。上等黄金的价值是黑铁的一万六千倍。但是要是没有铁锅、蒸锅、斧子等金属器物用于生活之中，那么就算得到了黄金，它价值再高也对人们没有益处。在货物买卖，互通有无的过程中，货币占据着《周礼·地官》里所说的泉府那样的地位，万物的命脉都系在它的身上。是谁最先开始区分金属的美恶轻重的，从而使金属成为永恒不朽的必须物品呢？

黄金

　　凡黄金为五金之长，熔化成形之后，住世永无变更。白银入洪炉虽无折耗，但火候足时，鼓鞴而金花闪烁，一现即没，再鼓则沉而不现。惟黄金则竭力鼓鞴，一扇一花，愈烈愈现，其质所以贵也。

【译文】

　　黄金被认为是五金之首，主要原因在于熔化成形后，其属性永远不会发生改变。而白银在被冶炼熔化的过程中虽然没有损耗，而且火候足时，用鼓风囊扇风会出现闪烁着的金属火花，但那只不过是昙花一现，因为再次鼓风时，那些金属火花往往会消失不见。只有黄金即使在极力鼓风时，也会每鼓一次，金属火花就闪现一次，当火势越猛烈时，闪现的金属火花越多，也正因为如此，黄金才会显得如此珍贵。

　　凡中国产金之区，大约百余处，难以枚举。山石中所出，大者名马蹄金，中者名橄榄金、带胯金，小者为瓜子金。水沙中所出，大者名狗头金，小者名麸麦金、糠金。平地堀井得者，名面沙金，大者名豆粒金。皆待先淘洗后冶炼而成颗块。

【译文】

　　在中国，盛产黄金的地区大大小小约有百余处，往往难以一一列举。通常，从山石中炼出的黄金，形质较大者被称作马蹄金，形质中等者被称作橄榄金、带胯金，至于形质较小者则被称作瓜子金。而从水沙

开采金矿

中所淘出的黄金，大者被称作狗头金，小者则叫麸麦金、糠金。至于从平地掘井而得到的黄金则叫面沙金，其中形质较大者也被称作豆粒金。无论从何处所得的黄金，都需要先经过淘洗，然后进行冶炼，最后形成颗粒状或块状的黄金。

金多出西南，取者穴山至十余丈，见伴金石，即可见金。其石褐色，一头如火烧黑状。水金多者出云南金沙江（古名丽水），此水源出吐蕃，绕流丽江府，至于北胜州，回环五百余里，出金者有数截。又川中潼川等州邑与湖广沅陵、溆浦等，皆于江沙水中，淘沃取金。千百中间有获狗头金一块者，名曰金母，其余皆麸麦形。入冶煎炼，初出色浅黄，再炼而后转赤也。儋、崖有金田，金杂沙土之中，不必深求而得，取太频则不复产，经年淘炼，若有则限。然岭南夷猺洞穴中，金初出如黑铁落、深挖数丈得之黑焦石下。初得时咬之柔软，夫匠有吞窃腹中者，亦不伤人。河南蔡、巩等州邑，江西乐平、新建等邑，皆平地堀深并取细沙淘炼成，但酬答人功，所获亦无几耳。大抵赤县之内，隔千里而一生。《岭表录》云："居民有从鹅鸭屎中淘出片屑者，或日得一两，或空无所获。"此恐妄记也。

　　黄金相对而言多出产于中国西南。采黄金的人在山上开掘，挖至十余丈深见到储藏有黄金的石头时，便算是发现了黄金。这种伴金石通常呈褐色，一侧形质如炭火烧黑的样貌。而水金则多出产于云南的金沙江（古代也称丽水），这一水系的源头在吐蕃（西藏），绕云南丽江府而流，最后到达北胜州（今云南永胜），绵延曲折五百余里，途中有几处为产金之地。此外，四川北部的潼川（今梓潼）及湖南的沅陵、溆浦等地，都可以在江水沙砾中淘取黄金。而且在千百沙金中，有时也会淘得一块狗头金，这往往被称为金母，其余那些小粒的沙金都状似麸麦。将这些淘得的沙金入炉冶炼，初次炼取时呈浅黄色，然后需再次炼取直至转变成赤红色。海南的儋、崖两地也有产金之地，且黄金多夹杂于沙土之中，不需要太深的挖掘即可获得，但沙金淘取得太过频繁，则不复出产。如果多年不断淘取冶炼，即使有再多的沙金也是有限的。然而西南一些少数民族的洞穴中也蕴藏黄金，其刚被开采出来时像铁粉般发黑，再深挖数丈，在黑焦石下面往往可获取黄金。这里所得的黄金刚出土时咬起来是柔软的，于是有的工匠就将黄金偷偷吞入腹中，也不会对人有伤害。而河南上蔡、巩县和江西乐平、新建等地，则在平地上挖深井，并将所得之细沙淘洗冶炼以获取黄金。但仅酬谢工匠的费用就很多，所以获利很少。总而言之，中国境内大概每隔千里便会有一处产金之地。《岭表录异》就记载："居民有从鹅鸭的粪便中淘取出黄金屑片之类，有时可日得一两，有时却一无所获。"但这也许只是个荒诞的记载吧。

凡金质至重。每铜方寸重一两者，银照依其则寸增重三钱；银方寸重一两者，金照依其则寸增重二钱。凡金性又柔，可屈折如枝柳。其高下色，分七青、八黄、九紫、十赤。登试金石（此石广信郡河中甚多，大者如斗，小者如拳，入鹅汤中一煮，光黑如漆）立见分明。凡足色金参和伪售者，唯银可入，余物无望焉。欲去银存金，则将其金打成薄片剪碎，每块以土泥裹涂，入坩埚中硼砂熔化，其银即吸入土内，让金流出，以成足色。然后入铅少许，另入坩埚内，勾出土内银，亦毫厘具在也。

金质地厚重。一方寸大的钢要是重一两，同样尺寸的银便要多重三钱；一方寸大的银要是重一两，那这个尺寸的金便要多重二钱。金的性质很柔软，可以像柳枝一样弯曲。不同品质的金颜色不同，可以分为七成金青色、八成金黄色、九成金紫色、十成金红色。将金子放在试金石上（这种石头在广信郡河中非常多，大的像斗，小的像拳头，在鹅汤中煮一下，便呈漆黑色），立刻就能分出成色。凡是在足金中掺假伪造销售的，只能是加入银，其他的东西没有办法加入。如果想将银剔除，只保留下金子，那么就将金子打成薄片切碎，每块用泥土裹上，放到坩埚中用硼砂熔化，这样其中的银便会被吸入泥土中，流出来的金子就是足色的。然后再在坩埚里放入少许的铅，将泥土中的银勾出，这样就一点也不会有损失。

凡色至于金，为人间华美贵重，故人工成箔而后施之。凡金箔每金七分造方寸金一千片，粘铺物面，可盖纵横三尺。凡造金箔，既成薄片后，包入乌金纸内，竭力挥椎打成（打金椎，短柄，约重八斤）。凡乌金纸由苏杭造成，其纸用东海巨竹膜为质。用豆油点灯，闭塞周围。止留针孔通气，熏染烟光，而成此纸。每纸一张，打金箔五十度。然后弃去，为药铺包朱用，尚未破损，盖人巧造成异物也。

【译文】

　　金的颜色，代表了人间的华美贵重。所以人们将金打成金箔之后用来做装饰。每七分黄金可以打造出一千片一方寸的金箔，铺粘在器物的表面，横竖三尺都可以覆盖。凡是制造金箔，是在金子被打成薄片之后，包进乌金纸之中，全力挥椎捶打而成（打金箔的锥子，短把，重量约为八斤）。乌金纸都是苏杭地区制造的，这种纸采用东海巨竹的竹膜作为原料。点上豆油灯，将灯的四周封闭起来，只留下针孔大的气眼用来通气，用灯烟熏染竹膜，就可制成乌金纸。一张乌金纸可以打金箔五十下。乌金纸用过之后便废弃了，拿去给药铺包朱砂，这时候纸张还没有破损，可以说这种纸是凭借人的技巧所造出来的奇异之物啊。

　　凡纸内打成箔后，先用硝熟猫皮绷急为小方板，又铺线香灰撒墁皮上，取出乌金纸内箔，覆于其上，钝刀界面成方寸。口中屏息，手执轻杖，唾湿而挑起，夹于小纸之中，以之华物，先以熟漆布地，然后粘贴（贴字者多用楮树浆）。

【译文】

　　在乌金纸内将金子打成金箔之后，先用芒硝鞣制过的猫皮绷成一个小方板，再在皮面上撒上香灰，从乌金纸内将金箔取出，放在皮面上，用钝刀在上面画界成一寸的方格。此时，操作的人要屏住呼吸，手拿轻

天工开物

冶炼

杖，用唾液沾湿金箔从而将它挑起，夹放在小纸之中。使用金箔装饰器物时，要先用熟漆在器物上铺底，然后再将金箔粘在上面（贴字的时候，大多采用楮树浆）。

　　凡借金色者、杭扇以银箔为质，红花子油刷盖，向火熏成。广南货物，以蝉蜕壳调水描画，向火一微炙而就。非真金色也。其金成器物，呈分浅淡者，以黄矾涂染，炭火炸炙，即成赤宝色。然风尘逐渐淡去，见火又即还原耳。

【译文】

让器物成为金色的方法：杭州的扇子以银箔为材质，刷盖红花子油，用火熏制而成。广南的货物，是用蝉蜕壳调水进行描画，对着火微微炙烤而成。这些都不是真金的色彩。金做的器物，因金成分不够而颜色浅的，以黄矾涂染，在炭火上炙烤，便可以成为金红色。然后时间一长，颜色便会逐渐淡去，被火一烤又会还原为本来的颜色。

银

凡银中国所出：浙江、福建旧有坑场，国初或采或闭。江西饶、信、瑞三郡，有坑从未开。湖广则出辰州，贵州则出铜仁，河南则宜阳赵保山、永宁秋树坡、卢氏高嘴儿、嵩县马槽山，与四川会川密勒山，甘肃大黄山等，皆称美矿。其他难以枚举。然生气有限，每逢开采，数不足，则括派以赔偿；法不严，则窃争而酿乱，故禁戒不得不苛。燕、齐诸道，则地气寒而石骨薄，不产金银。然合八省所生，不敌云南之半，故开矿煎银，唯滇中可永行也。

【译文】

中国产银的地方有以下几处：浙江、福建曾经的银矿，在国家（明朝）初年的时候，有的被开采，有的被关闭。江西的饶、信、瑞三郡，有银矿但从来没有开采过。湖广地区是辰州有矿。贵州地区是铜仁有矿。河南地区是宜阳的赵保山、永宁的秋树坡、卢氏的高嘴儿、嵩县的马槽山，这些地区和四川会川的密勒山，甘肃的大黄山等地都是好矿

天工开物

区。其他的矿区难以一一列举。然而万物生育之气有限，每到了开采银矿的时候，采矿的数目不足，连税款都不够交付；法律不严，盗矿引起的争夺酿出了祸患，因此禁令便也越来越严苛。燕、齐地区的各省，地气寒冷，矿层又薄，所以不出产金银。然而就算以上八个省市所产的银都加一块，也比不过云南的一半，所以开矿炼银，只有在云南才能持续地进行下去。

　　凡云南银矿：楚雄、永昌、大理为最盛，曲靖、姚安次之，镇沅又次之。凡石山洞中有矿砂，其上现磊然小石，微带褐色者，分丫成径路。采者穴土十丈或二十丈，工程不可日月计。寻见土内银苗，然后得礁砂所在。凡礁砂藏深土，如枝分派别，各人随苗分径横挖而寻之。上楮横板架顶，以防崩压。采工篝灯逐径施镢，得矿方止。凡土内银苗，或有黄色碎石，或土隙石缝有乱丝形状，此即去矿不远矣。

【译文】

　　云南的银矿以楚雄、永昌、大理最为兴盛，曲靖、姚安下一等，镇沅又下一等。凡是石洞中有矿砂，铆砂上有一些堆积起来的微带褐色的小石块的，矿脉都呈枝杈状。采矿的人挖土十丈或二十丈，这个工程不能用日月来计算。寻找到土中的银矿苗后，便能够得知礁砂的位置。礁砂埋藏在深土之中，呈树枝状分布，各人分头沿着矿脉横向挖掘寻找。矿道的上方要架横板支撑矿顶，防止矿洞崩塌。采矿人点着灯，沿着矿脉挖掘，直到发现银矿为止。土内的矿脉如果有黄色的碎石，或者有乱丝形状的东西在土石缝内，那么这里离银矿就不远了。

天工开物

凡成银者曰礁，至碎者曰砂，其面分丫若枝形者曰铆，其外包环石块曰矿。矿石大者如斗，小者如拳，为弃置无用物。其礁砂形如煤炭，底衬石而不甚黑。其高下有数等（商民凿穴得砂，先呈官府验辨，然后定税）。出土以斗量，付与冶工，高者六、七两一斗，中者三、四两，最下一、二两（其礁砂放光甚者，精华泄漏，得银偏少）。

【译文】

可以炼出银的石头称作礁。细碎的礁称作砂，表面分叉，像是树枝形状的礁称作铆，包在礁外面的石块称作矿。矿石有大如斗的，有小如拳的，都是抛弃不用的东西。礁砂形状像煤炭一样，底部衬有石头，颜色不是很黑。礁砂的品质高下有很多的等级（商人凿穴挖出来的礁砂要先呈给官府去检验和辨别，之后官府会给它定税）。挖出的礁砂按斗来计算，交给冶炼工人冶炼，高等级的礁砂一斗能炼出六七两银，中等的礁砂一斗能炼出三四两银，最下等的礁砂一斗只能炼出一二两银（礁砂特别光亮的，属于精华泄露，炼出的银偏少）。

凡礁砂入炉，先行拣净淘洗。其炉土筑巨墩，高五尺许，底铺瓷屑、炭灰。每炉受礁砂二石。用栗木炭二百斤，周遭丛架。靠炉砌砖墙一朵，高阔皆丈余。风箱安置墙背，合两三人力，带拽透管通风。用墙以抵炎热，鼓鞴之人方克安身。炭尽之时，以长铁叉添入。风火力到，礁砂熔化成团。此时银隐铅中，尚未出脱，计礁砂二石熔出团约重百斤。冷定取出，另入分金炉（一名虾蟆炉）内，用松木炭匝围，透一门以辨火色。其炉或施风箱，或使交箑。火热功到，铅沉下为底子（其底已成陀僧样，别入炉炼，又成扁担铅）。频以柳枝从门隙入内燃照、铅气净尽，则世宝凝然成象矣。此初出银，亦名生银。倾定无丝纹，即再炼一火，当中止现一点圆星，滇人名曰茶经。逮后入铜少许，重以铅力熔化。然后入槽成丝（丝必倾槽而现，以四围匡住，宝气不横溢走散）。其楚雄所出又异，彼铜砂铅气甚少，向诸郡购铅佐炼。每礁百斤，先坐铅二百斤于炉内，然后煽炼成团。其再入虾蟆炉沉铅结银，则同法也。此世宝所生，更无别出。方书、本草，无端妄想妄注，可厌之甚。

【译文】

　　礁砂在放入炼炉之前要先挑拣干净，进行淘洗。由土筑成的炼银炉子，土墩有五尺高，炉子的底部用瓷屑、煤炭铺垫，每一炉可以装入二石礁砂。熔炼时，要用两百斤栗木炭架在炉子周围。在炉子边上砌一堵高和宽都为一丈多的砖墙。墙的背面放置一个风箱，两三个人合力拉拽风箱通风换气。这堵墙可以帮助鼓风的人抵挡炉火的炎热，让他们安身。炭烧尽的时候，用长铁叉往炉子里补炭。风和火力量都很足的时候，礁砂便会熔化成团。这个时候，银还隐藏在铅里面，没有脱离开，二石的礁砂经过熔化大约重有百斤。熔化后的礁砂在冷却之后取出，另外放入分金炉（又名作虾蟆炉）中，炉外围架起松木炭，只留出一个小门用来观察火候。分金炉可以用风箱，也可以用团扇来通风，火的温度达到了，铅就会往下沉，成为底子（这种底子已经变成陀僧的样子，取出来另放入熔炉冶炼，会再成为扁担铅）。频频地用柳枝从炉门的缝隙中放入炉内燃烧照亮，等到铅去除干净，纯银便凝练出来了。这第一次炼出来的银，也叫作生银。生银倒出来之后如果没有丝纹，便要再入一回火，这个时候在银中可以看到一点圆星，云南人管这个叫茶经。之后，向其中放入少量的铜，重新借用铅的力量将它熔化。这之后，再倒入槽中，银便成为丝状（丝只有倒入槽中才能显现出来，因为槽的四壁将它框住，它的银气便不会四散掉）。楚雄所产的银又不一样，那里的礁砂含铅的成分很低，需要从别的地方购买铅来帮助熔炼。每一百斤礁砂，要先放入二百斤铅在炉内护底，然后再将它煽炼成团。之后，将它放入分金炉里沉铅聚银，方法与上述方法一样。这就是冶炼纯银的方法，再没有其他的方法了。方士书、草药书，毫无根据地胡乱猜想，妄下定论，实在是可恶至极。

　　大抵坤元精气，出金之所，三百里无银；出银之所，三百里无金。造物之情，亦大可见。其贱役扫刷泥尘，入水漂淘而煎者，名曰淘厘锱。一日功劳，轻者所获三分，重者倍之。其银俱日用剪、斧口中委余，或鞋底粘带，布于衢市；或院宇扫屑，弃于河沿。其中必有焉，非浅浮土面能生此物也。

【译文】

　　大抵上，土地中所蕴藏的精气有限，出产金的地方，三百里之内不出产银；出产银的地方，三百里之内不出产金。大自然造物的情形，由此人概也就可以看出来了。仆役将泥扫刷起来，在水中漂淘之后冶炼出来的银，名字叫作淘厘锱。辛劳一天，收获少的能得三分，收获多的便可加倍。这些银子都是日常用的剪刀、斧子口掉落的渣滓，或者是鞋底从闹市上粘带回来的，或者是抛弃在河沿的院内尘屑。这些东西里面必然有银质，但是并不表示浅层浮土里面能生有银。

　　凡银为世用，惟红铜与铅两物可杂入成伪。然当其合琐碎而成钣锭，去疵伪而造精纯，高炉火中，坩埚足炼。撒硝少许，而铜、铅尽滞

沉铅结银

埚底，名曰银锈。其灰池中敲落者，名曰炉底。将锈与底同入分金炉内，填火土甑之中，其铅先化，就低溢流，而铜与粘带余银，用铁条逼就分拨，井然不紊。人工、天工亦见一斑云。

【译文】

　　凡是世上所使用的银，只有红铜和铅可以掺杂进去进行伪造。然而当碎银被熔合起来做成钑锭的时候，可以将杂物去除，制成纯银。使银精纯的方法是将银放入高温炉火之中，让其在坩埚里充分熔炼，再向其中撒入少量的硝，铜和铅便会沉到埚底，称为银锈。从灰池中敲落的，被称为炉底。将银锈和炉底一同放入分金炉中，并在土甑里填上柴火，这样里面的铅会率先熔化，向低处溢流，而铜还粘在一些银上，用铁条将它们拨开，使其不相粘连就好。由此可见人工和天然力量的区别。

铜

凡铜供世用，出山与出炉，止有赤铜。以炉甘石或倭铅参和，转色为黄铜；以砒霜等药制炼为白铜；矾、硝等药制炼为青铜；广锡参和为响铜；倭铅和写为铸铜。初质则一味红铜而已。

【译文】

世上所使用的铜，不管是山中产的，还是炉中冶炼出来的，都只有赤铜。赤铜与甘石或锌一同在炉中熔炼，便可以变色成为黄铜；与砒霜等药一同在炉中炼制，便可以变成白铜；与矾、硝等药一同在炉中炼制，便可以变成青铜；加入广锡一同炼制可变成响铜；加入锌一同炼制可变成铸铜。这些铜最初的原料都只是红铜而已。

凡铜坑所在有之。《山海经》言出铜之山四百六十七，或有所考据也。今中国供用者，西自四川、贵州为最盛；东南间自海舶来；湖广武昌，江西广信皆饶铜穴。其衡、瑞等郡，出最下品，曰蒙山铜者，或入冶铸混入，不堪升炼成坚质也。

【译文】

到处都有铜矿。《山海经》中说出产铜矿的山有四百六十七座，这大概是有所考据的。今天中国西部的四川、贵州产铜最多；东南地区的铜多由海外引进；湖广武昌，江西广信也都拥有众多的铜矿。其中衡州、瑞州等地出产的铜为最下品，称为蒙山铜，这种铜可以在冶铸的时候掺进去，但是不能提炼成硬质铜。

凡出铜山夹土带石，穴凿数丈得之，仍有矿包其外。矿状如姜石，而有铜星，亦名铜璞，煎炼仍有铜流出，不似银矿之为弃物。凡铜砂，在矿内形状不一，或大或小，或光或暗，或如输石，或如姜铁，淘洗去土滓，然后入炉煎炼，其熏蒸傍溢者，为自然铜，亦曰石髓铅。

【译文】

凡是有铜出产的山，都是夹土带石的，深挖数丈便能够得到包有脉石的铜。脉石的外形像姜，有铜星，也叫铜璞，冶炼之后还会有铜流出来，不像是银的脉石那样是废弃物。铜砂在矿里的形状都不一样，有的大有的小，有的发光有的暗淡，有的像输石，有的像姜铁，把它们外面的土滓淘洗干净之后便可以放入炉中冶炼，熔炼后从炉子旁边流出来的就是自然铜，也叫作石髓铅。

凡铜质有数种：有全体皆铜，不夹铅、银者，洪炉单炼而成。有与铅共体者、其煎炼炉法，傍通高低二孔，铅质先化从上孔流出，铜质后化从下孔流出。东夷铜又有托体银矿内者。入炉煎炼时，银结于面，铜沉于下。商舶漂入中国，名曰日本铜，其形为方长板条。漳郡人得之，有以炉再炼，取出零银；然后泻成薄饼，如川铜一样货卖者。

铜的质地有很多种：有的全部是铜，没有夹杂着铅、银，在熔炼中单独炼制便可。与铅长在一起的铜的炼制方法是：在熔炉上开高、低两个孔，这样先熔化的铅便从上面的孔里流出，后熔化的铜就从下面的孔中流出。日本的铜有寄生在银矿之内的。这种铜进行熔炼的时候，银会凝结在表面，铜则沉在下面。这种铜经由商船进入中国之后，被叫作日本铜，它的形状为方形长条。漳郡的人拿这种铜回炉重炼，他们将零星的银取出之后，便把剩下的铜制成薄饼状，像川铜一样进行售卖。

凡红铜升黄色为锤锻用者，用自风煤炭（此煤碎如粉，泥糊作饼，不用鼓风，通红则自昼达夜。江西则产袁郡及新喻邑）。百斤灼于炉内；以泥瓦罐载铜十斤，继入炉甘石六斤，坐于炉内，自然熔化。后人因炉甘石烟洪飞损，改用倭铅，每红铜六斤，入倭铅四斤，先后入罐熔化。冷定取出，即成黄铜，唯人打造。

把红铜炼成用来锤锻的黄铜的话，需要使用自风煤炭（这种煤炭碎如粉末，用泥糊作饼，不用鼓风，从白天到黑夜都烧得通红。江西的袁郡和新喻邑有产）一百斤，烧于炉内；将装着十斤铜的泥瓦罐和六斤甘石放入炉内，自然就会熔化。因为甘石放入炉中之后会生烟飞散，有所损耗，所以后人便用锌代替甘石。每次以红铜六斤、锌四斤，先后放入罐中熔化。冷却之后，取出的便是黄铜，想打造成什么都可以。

炼铜

　　凡用铜造响器，用出山广锡无铅气者入内。钲（今名锣）、镯（今名铜鼓）之类，皆红铜八斤，入广锡二斤；铙、钹，铜与锡更加精炼。凡铸器，低者红铜、倭铅均平分两，甚至铅六铜四，高者名三火黄铜、四火熟铜，则铜七而铅三也。

【译文】

　　凡是用铜制造乐器，要放入两广出产的不含铅的锡一同熔炼。制造钲（今名锣）、镯（今名铜鼓）一类的乐器，都是在八斤红铜中加入两斤广锡；制造铙、钹时，铜和锡则都要更加精炼。凡是制造铜器，所用原料中低等的红铜和锌各占一半，甚至可以六成铅四成铜。高质量的铜器则需用三火黄铜、四火熟铜，而且要按七成铜三成铅的比例来配比。

凡造低伪银者，唯本色红铜可入。一受倭铅、砒、矾等气，则永不和合。然铜入银内，使白质顿成红色，洪炉再鼓，则清独浮沉立分，至于净尽云。

【译文】

凡是低质伪劣的银，只能用纯粹的红铜来制作。银被锌、砒、矾等物的气体熏过便不能和它们再融合。然而将铜加入到银里面，银就会由白色变成红色，放入熔炉中再次鼓风，铜和银的清浊浮沉便立刻可以分出，直到彻底分离开来。

铁

凡铁场所在有之，其质浅浮土面，不生深穴；繁生平阳岗埠，不生峻岭高山。质有土锭、碎砂数种。凡土锭铁，土面浮出黑块，形似秤锤，遥望宛然如铁，拈之则碎土。若起冶煎炼，浮者拾之，又乘雨湿之后牛耕起土，拾其数寸土内者。耕垦之后，其块逐日生长，愈用不穷。西北甘肃、东南泉郡，皆锭铁之薮也。燕京、遵化与山西平阳，则皆砂铁之薮也。凡砂铁，一抛土膜，即现其形。取来淘洗，入炉煎炼，熔化之后与锭铁无二也。

古代铁的来源

【译文】

　　到处都有铁矿，铁矿一般埋藏在浅层土质，而不在深穴之中；在平坦向阳的山冈上有铁矿，崇山峻岭中则没有。铁矿的矿质有土锭、碎砂等数种。凡是土锭铁，都是浮在土面上的黑块，形状像秤砣，远看就像是铁块，但是用手一捻就会变成碎土。如果打算冶炼这种土锭，要将浮在地面上的那些土锭拾起，借着雨后土地的湿润，用牛耕起表层的浅土，再将数寸之内的土锭拾起。耕垦过土地之后，土锭会逐日的生长，永不枯竭。西北的甘肃和东南的泉郡，都是土锭聚集的地方。燕京、遵化和山西的平阳，则是砂铁聚集的地方。只要是砂铁，一刨开土表就能够发现。将它挖掘出来进行淘洗，在放入炼炉中冶炼，熔化之后便和锭铁没有什么分别了。

　　凡铁分生、熟：出炉末炒则生，既炒则熟。生熟相和，炼成则钢。凡铁炉用盐做造，和泥砌成。其炉多傍山穴为之，或用巨木匡围。塑造盐泥，穷月之力不容造次。盐泥有罅，尽弃全功。凡铁一炉载土二千余斤，或用硬木柴，或用煤炭，或用木炭。南北各从利便。扇炉风箱必用四人、六人带拽。土化成铁之后，从炉腰孔流出。炉孔先用泥塞。每旦昼六时，一时出铁一陀。既出即叉泥塞，鼓风再熔。

【译文】

　　铁有生铁和熟铁之分：从炼炉出来而没有经过炒制的是生铁，炒过的便是熟铁。将生铁和熟铁混合，熔炼出来的就是钢。炼铁的炉子用盐和着泥堆砌而成。炼铁炉多依傍着山穴而建，或者用巨大的木头围成框。用盐和着泥建造炼炉，需要一个月的时间，不可赶时间不顾质量。建造的时候，如果盐泥出现了裂缝，那么前面的工作就全部白做了。炼

炼铁

铁一炉，需要放入两千余斤的铁矿土，燃料可以用硬木柴，可以用煤炭，也可以用木炭。南北方可以根据当地的情况采用方便的燃料。向炉内扇风的风箱需要四个人或者六个人来带拽。矿土炼成铁水之后，从炉子的腰孔向外流出。炉孔先前要用泥塞住。每天的白昼有六个时辰，每一个时辰便出铁一陀。出铁后，要再将炉孔堵住，鼓动风箱，再次熔炼。

凡造生铁为冶铸用者，就此流成长条、圆块范内取用。若造熟铁，则生铁流出时相连数尺内，低下数寸筑一方塘，短墙抵之。其铁流入塘内。数人执持柳木棍排立墙上，先以污潮泥晒干，舂筛细罗如面，一人疾手撒掭，众人柳棍疾搅，即时炒成熟铁。其柳棍每炒一次，烧折二三寸，再用则又更之。炒过稍冷时，或有就塘内斩划成方块者，或有提出挥椎打圆后货者。若浏阳诸冶，不知出此也。

【译文】

炼制冶铸所需的生铁，要让铁水流到长形或圆形的模子里，然后再从模子里拿出来用。要是炼造熟铁，就要在距离生铁水流出处几尺之外低几寸的地方筑造一个方形的塘子，再修砌起一个矮墙，让铁水流入这个塘子里。多个人手持柳木棍在矮墙上站成一排，把事先晒干的污泥捣碎，并用筛子筛出那些细面。一个人快速地将泥面撒入铁水里，其他的人用柳木棍疾速地搅动，马上生铁就被炒成熟铁。柳木棍每炒铁一次，便会烧折两三寸，下次再要使用的时候就要更换新的。炒过之后，在铁稍微冷却的时候，便可以就着塘子在塘内将铁块割划成方块，或者拿出来捶打，打圆之后贩卖。浏阳地区的各种冶铁工匠还不知道此种方法。

凡钢铁炼法，用熟铁打成薄片如指头阔，长寸半许，以铁片束包尖紧，生铁安置其上（广南铁名堕子生铁者，妙甚），又用破草履盖其上（粘带泥土者，故不速化），泥涂其底下。洪炉鼓韝，火力到时，生钢先化，渗淋熟铁之中，两情投合。取出加锤，再炼再锤，不一而足。俗名团钢，亦曰灌钢者是也。

【译文】

钢铁的炼制方法是将熟铁捶打成手指头一般宽的薄片，大约一寸半长。将熟铁片扎紧，把生铁放置在扎紧的熟铁片之上（广南有一种叫堕子生钢的生铁，非常好用），再用破草鞋覆盖在它的上面（使用粘有泥土的破草鞋，不会很快烧毁），把泥涂抹在铁片的下面。弄好之后，把铁片放入炼炉，开始鼓风，火力够了的时候生铁会先熔化，淋到熟铁里面，这样生铁和熟铁就会融合到一起。融合后的铁块从炉中取出来进行捶打，然后再熔炼，再捶打，不是一次就可以做成的。这种方法造出来的钢铁，俗名叫团钢，也有叫灌钢的。

其倭夷刀剑，有百炼精纯、置日光檐下则满室辉曜者，不用生熟相合炼，又名此钢为下乘云。夷人又有以地溲淬刀剑者（地溲乃石脑油之类，不产中国），云钢可切玉。亦未之见也。凡铁内有硬处不可打者名铁核，以香油涂之即散。凡产铁之阴，其阳出慈石，第有数处不尽然也。

【译文】

日本国的刀剑，用的是百炼精纯的钢。将这种钢放在有日光的屋檐下，折射出的光芒会闪耀整个房间。这种钢不是用生铁和熟铁混合炼成的，也有种说法认为这种钢是下等品。外国人有用地溲（地溲是石脑油一类的东西，中国没有出产）淬炼刀剑的，听说这样炼成的剑可以将玉切开。这种事情我没有见过。铁的内部有一块没有办法捶打的硬处，称作铁核，用香油涂在硬处便可将其化解掉。凡是山的阴面出产铁矿，那么山的阳面便会出产磁石，不过也不是所有地方都是这样。

陶埏

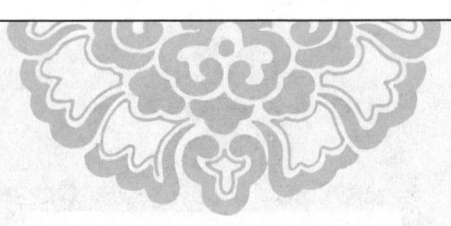

宋子曰，水火既济而土合。万室之国，日勤千人而不足，民用亦繁矣哉。上栋下室以避风雨，而瓴建焉。王公设险以守其国，而城垣、雉堞，寇来不可上矣。泥瓮坚而醴酒欲清，瓦登洁而醯醢以荐。商周之际，俎豆以木为之。毋以质量之思耶！后世方土效灵，人工表异，陶成雅器，有素肌玉骨之象焉。掩映几筵，文明可掬。岂终固哉！

译文

造瓶

宋子说，泥土在水火的相互作用下，可以融合在一起。拥有万户人家的国家，就算是每天有一千个人努力烧陶都不能满足百姓的需求，由此可见百姓对陶器的使用是非常多的。上栋下室的房子要在房顶铺上瓦片才能遮风避雨。王公要设置重重防御来守卫国家，修建了城墙、矮墙，敌寇便没有办法攻入。泥瓮要是坚固，里面储藏的美酒便清澈，高足杯要是洁净，便能够被用来盛放祭品进行祭祀。商周的时候，祭祀的器皿是木制的，但用木制的祭祀器皿并不是为了凸显质朴品质！后来，各地的能工巧匠争相进献奇技巧器。随着技术的进步，陶器被制作成了一种雅器，有了冰肌玉骨的模样。这些陶器，有美丽的花纹和光亮的色彩，它们在几案和筵席之上交相辉映。可见，这世上的事物不是一成不变的。

白瓷

凡白土曰垩土，为陶家精美器用。中国出惟五六处，北则真定定州、平凉华亭、太原平定、开封禹州，南则泉郡德化（土出永定，窑在德化）、徽郡婺源、祁门（他处白土陶范不粘，或以扫壁为墁）。德化窑惟以烧造瓷仙、精巧人物玩器，不适实用。真、开等郡瓷窑所出，色或黄滞无宝光。合并数郡，不敌江西饶郡产。浙省处州丽水、龙泉两邑，烧造过釉杯碗，青黑如漆，名曰处窑。宋、元时龙泉琉华山下，有章氏造窑，出款贵重，古董行所谓哥窑器者即此。若夫中华四裔，驰名猎取者，皆饶郡浮梁景德镇之产也。

【译文】

叫作垩土的白陶土，是制作精美陶器的原料。中国出产垩土的地方只有五六处，北方的有真定定州、平凉华亭、太原平定、开封禹州，南方的有泉郡德化（土来自于出水定，但是窑在德化）、徽郡婺源、祁门（其他地方出产的白土制作的陶胚不黏结，可以用来刷墙壁）。德化窑只烧造陶瓷的仙女、精巧的人物玩器，没有实用性。真定和开封等郡县的瓷窑所出产的瓷器，颜色发黄，呆板没有光泽。将以上各个郡县出产的瓷器加在一起，都比不过江西饶郡所出产的瓷器。浙江省处州的丽水和龙泉两邑，烧造过釉杯碗，青黑的釉色就像是漆一样，它的名字叫作处窑。宋元时期，在龙泉的琉华山下，有个章氏造窑，它所出的瓷器都很贵重，古董行里所说的哥窑器指的就是这个。要说全中国最有名、最被大家追捧的瓷器，就得是饶郡浮梁县景德镇所出产的瓷器了。

此镇从古及今为烧器地，然不产白土。土出婺源、祁门两山。一名高梁山，出粳米土，其性坚硬；一名开化山，出糯米土，其性粢软。两土和合，瓷器方成。其土作成方块，小舟运至镇。造器者将两土等分入白，舂一日，然后入缸水澄。其上浮者为细料，倾跌过一缸。其下沉底者为粗料。细料缸中再取上浮者，倾过为最细料，沉底者为中料。既澄之后，以砖砌长方塘，逼靠火窑，以借火力。倾所澄之泥于中吸干，然后重用清水调和造坯。

景德镇从古到今一直是烧制瓷器的地方，但是景德镇不产白土。白土主要产自于婺源、祁门地区的两座山。一座山名叫高梁山，出产粳米土，这种土的土性坚硬；另一座山名叫开化山，出产糯米土，这种土的土性比较黏软。这两种土混合之后，才能用于烧制瓷器。瓷土一般做成方块的样子，用小船运送到景德镇。制作瓷器的人将这两种土进行等分，放入白中舂一日之后，再放入水缸中澄清。浮在水面上的用作细料，被倒入另一个缸中。沉在水底的用作粗料。细料缸里再次浮于水面上的，倒出来用作最细料，沉底的用作中料。瓷土经过澄清之后，用砖砌一个长方塘，塘靠着火窑而建，以便借助火力。将澄清的泥倒入塘中，借助火力吸干水分，然后再拿出来用清水调和制成坯子。

凡造瓷坯有两种。一曰印器，如方圆不等瓶、瓮、炉、合之类，御器则有瓷屏风、烛台之类。先以黄泥塑成模印，或两破，或两截，亦或囫囵，然后埏白泥印成，以釉水涂合其缝，烧出时自圆成无隙。一曰圆器，凡大小亿万杯盘之类，乃生人日用必需，造者居十九，而印器则十一。造此器坯，先制陶车。车竖直木一根，埋三尺入土内，使之安稳。上高二尺许，上下列圆盘，盘沿以短竹棍拨运旋转，盘顶正中用檀木刻成盔头，冒其上。

【译文】

制作瓷器的坯子有两种。一种叫作印器，例如方圆不等的瓶、瓮、炉、盒之类的器物，以及宫中所用的瓷屏风、烛台之类的器物。做印器，要先用黄泥塑成印器模子，模子或者是左右两半的，或者是上下两截的，再或者是一个整体的。有了模子之后，用瓷土揉成白泥放进模子里印成泥坯子，然后用釉水涂和坯子的接缝处，这样烧制出来的瓷器便呈自然圆弧状，没有缝隙。另外一种叫作圆器，那些大小不等，数量众多的杯盘一类的器物，是百姓日常生活中的必需之物，所以在制造的所有瓷器中，有九成是圆器，一成是印器。要造圆器的坯子，就需要先制陶车。陶车上竖有一根直木，这根直木有三尺要埋入地下，这样才能使陶车用起来安稳。直木竖在地上的部分有二尺左右高，上下都装有圆盘，圆盘随着短竹棍的拨动而旋转，圆盘的顶端正中放有一个檀木刻成的盔头。

凡造杯盘无有定形模式，以两手棒泥盔冒之上，旋盘使转，拇指剪去甲，按定泥底，就大指薄旋而上，即成一杯碗之形（初学者任从作废，破坏取泥再造）。功多业熟，即千万如出一范。凡盔冒上造小坯者，不必加泥，造中盘大碗则增泥大其冒，使干燥而后受功。凡手指旋成坯后，覆转用盔冒一印，微晒留滋润，又一印，晒成极白干，入水一汶，滤上盔冒，过利刀二次（过刀时手脉微振，烧出即成雀口）。然后补整碎缺，就车上旋转打圈。圈后或画或书字，画后喷水数口，然后过釉。

　　制作杯盘通常没有固定的模式，用双手捧泥放在陶车的盔头上面，然后让圆盘旋转起来。大拇指剪去指甲之后，将泥的底部按定，就着旋转的趋势用大拇指将泥薄薄的旋转着向上拉，便可以做成杯碗的形状（初学的人若是把坯子捏坏了就让它作废，然后把坯子破开用这些泥再重新做一个）。做得多了，熟练之后，就算是做千万个杯碗也都能做成一模一样。在盔头上制作小坯子的时候，不需要加泥，造中等盘子和大号碗的便要逐渐加泥，让盔头慢慢增大，等它干燥之后再进行加工。用手指将泥旋成坯子之后，要将它旋转过来，在盔头上印一下。晾晒到还留有一些水分的时候，要再印一次。晒到完全干燥的白色时，要放入水中沾一次。水滤干之后，将坯子放在盔头上用锋利的刀刮两次（用刀刮的时候如果手稍微有颤抖，坯子烧成之后便会出现缺口）。刮过之后，将坯子破损的地方填补好，放在陶车上旋转打圈。坯子转圈的时候可以在上面绘画或者写字，画好之后要往坯子上喷几口水，再开始上釉。

　　凡为碎器与千钟粟与褐色杯等，不用青料。欲为碎器，利刀过后，日晒极热，入清水一蘸而起，烧出自成裂纹。千钟粟则釉浆捷点，褐色则老茶叶煎水一抹也。（古碎器，日本国极珍重，真者不惜千金。

古香炉碎器不知何代造，底有"铁钉"，其钉掩光色不釉。）

【译文】

　　凡是制作"碎器""千钟粟"和"褐色杯"这样的瓷器，不能用青釉料。想要制作碎器，那么在用刀将坯子修整好后，便放在太阳之下暴晒，晒到极热点之后放入清水里蘸一下就拿出来，这样烧成之后便自然生成裂纹。烧制千钟粟是用釉浆迅速地点在坯子上，烧制褐色杯是用老茶叶煎的水涂抹在坯子上面。（古代的碎器，在日本颇受重视，日本人不惜千金购买真品。古代的香炉碎器不知道是什么朝代制作的，底部钉有"铁钉"，这个"铁钉"不会生锈，非常光亮。）

　　凡饶镇白瓷釉，用小港嘴泥浆和桃竹叶灰调成，似清泔汁（泉郡瓷仙用松毛水调泥浆，处郡青盗釉，未详所出），盛于缸内。凡诸器过釉，先荡其内，外边用指一蘸涂弦，自然流遍。凡画碗青料总一味无名异（漆匠煎油，亦用以收火色）。此物不生深土，浮生地面，深者掘下三尺即止，各省直皆有之。亦辨认上料、中料、下料，用时先将炭火丛红煅过。上者出火成翠毛色，中者微青，下者近土褐。上者每斤煅出只得七两，中下者以次缩减。如上品细料器及御器龙凤等，皆以上料画成，故其价每石值银二拾四两，中者半之，下者则十之三而已。

【译文】

　　凡是景德镇烧制的白瓷釉，都是用小港嘴产的泥浆和桃竹叶灰调和而成的，这种釉好似澄清的泔汁一样（泉郡的瓷仙用松毛灰水调和泥浆做釉，处郡的青瓷釉，不知道它由什么做成），盛放在缸内。各种瓷器凡是过釉，都是将釉水放入坯子内摇荡，外面再用手指蘸着釉水涂抹边缘，这样釉水便自然流遍整个瓷器。用来画碗的青料，只有无名异这一种（漆匠煎桐油的时候，也用无名异作为染料）。无名异这种东西不在深土内生长，而且沿着地面生长，寻找它的人只要挖到地下三尺深便可以得到了，这种东西各个省份都有生长。虽然如此，无名异也有上料、中料、下料需要区分辨认，使用无名异的时候要先将它放在炭火中煅烧。上等的无名异煅烧过后会呈现出翠绿的羽毛的颜色，中等的呈现出轻微的青色，下等的呈现出一种接近土褐色的颜色。一斤上等的无名异经过煅烧之后，只得七两料，中下等的还要依次减少。上品的细料瓷器和进贡宫中的龙凤瓷器等，都是用上等的釉料绘画而成，所以每石上等无名异价值二十四两，中等的价值为它的一半，下等的价值便只有它的十分之三而已。

凡饶镇所用，以衢、信两郡山中者为上料，名曰浙料，上高诸邑者为中，丰城诸处者为下也。凡使料煅过之后，以乳钵极研（其钵底留粗，不转釉），然后调画水。调研时色如皂，入火则成青碧色。凡将碎器为紫霞色杯者，用胭脂打湿，将铁线钮一兜络，盛碎器其中、炭火炙热，然后以湿胭脂一抹即成。凡宣红器乃烧成之后出火，另施工巧微炙而成者，非世上朱砂能留红质于火内也（宣红元末已失传，正德中历试复造出）。

凡景德镇所用的釉料，以衢、信两郡山里边所产的料作为上料，这个地方的釉料称为浙料，上高等县出产的釉料为中料，丰城各处出产的釉料为下料。将釉料煅烧过之后，用乳钵将它研磨得细细的（乳钵的底部要粗糙，不能够上有釉），然后调成画水。调研的时候，釉料的颜色为黑色，入火之后便变成青绿色。凡是想将碎器制成紫霞色杯子的，要将胭脂粉打湿，然后用铁丝扭成一个网兜，将碎器放入这个网兜里面，在炭火上烤，之后再用湿的胭脂在上面涂抹即可制成。凡是要烧制宣红器的，要在烧成之后出火，再另外巧妙地用小火烧制而成，世上的朱砂并不能在烧制之后还保留红色（宣红器的烧制方法在元末的时候便已失传，正德年间经过多次试验才又将它烧制出来）。

凡瓷器经画过釉之后，装入匣钵（装时手拿微重，后日烧出，即成坳口，不复周正）。钵以粗泥造，其中一泥饼托一器，底空处以沙实之。大器一匣装一个，小器十余共一匣钵。钵佳者装烧十余度，劣者一二次即坏。凡匣钵装器入窑，然后举火。其窑上空十二圆眼，名曰天窗。火以十二时辰为足。先发门火十个时，火力从下攻上，然后天窗掷柴烧两时，火力从上透下。器在火中，其软如绵絮，以铁叉取一以验火候之足。辨认真足，然后绝薪止火。共计一杯工力，过手七十二，方克成器，其中微细节目尚不能尽也。

【译文】

瓷器在绘彩过釉之后，要装入匣钵之中（装瓷器的时候如果手上力道稍微过重，日后烧出来的时候便会有凹口，没有办法复原）。匣钵由粗泥制成，每件瓷器都由匣钵里的一个泥饼托着，匣钵底部的空处用沙子来填实。大的瓷器，一个匣钵只能装下一件，小的瓷器一个匣钵里可以摆下十余个。质量好的匣钵可以装烧十余次，质量差的匣钵装烧一两次便坏了。烧制时，先用匣钵装器放入窑中，然后点火。窑的上方留有十二个圆孔，叫作天窗。烧制的过程，火要烧上十二个时辰才够。先在窑门处烧十个时辰的火，这个时候火力从下向上攻，之后再从天窗向里面投入柴火烧制两个时辰，这个时候火力从上向下透。瓷器在火中烧制时，像棉絮那样柔软，用铁叉取出一件来检查火候是否充足。辨认出火候真的充足之后，绝薪灭火。完成一个瓷杯所需要的工夫，要过手七十二道工序才能够烧制成，这里面的一些微小细节还没有办法详细地写出来。

锤锻

宋子曰，金木受攻而物象曲成。世无利器，即般、倕安所施其巧哉？五兵之内，六乐之中，微钳锤之奏功也，生杀之机泯然矣！同出洪炉烈火，大小殊形：重千钧者，系巨舰于狂渊，轻一羽者，透绣纹于章服。使冶钟铸鼎之巧，束手而让神功焉。莫邪、干将，双龙飞跃，毋其说亦有征焉者乎？

译文

宋子说，金属和木材经由加工，变成各种器物。这个世界上，要是没有趁手好用的工具，就是鲁班和倕也没法施展他们的技巧吧？各种兵器和金属乐器，都是钳子和锤子加工出来的结果，要是没有这两样工具，五兵六乐这些兵器和乐器便没法做成！这些工具都是从熔炉烈火中锻造出来的，只是大小和形态各不相同：重达千钧的，可以在狂风暴雨中将大船系住；轻如鸿毛的，可以在官服上绣出花纹。这种神奇的工艺可以让铸造钟鼎的巧匠束手臣服。莫邪、干将两柄剑挥舞起来就像是两条龙在飞跃，这种说法应该是有凭据的吧。

冶铁

凡冶铁成器，取已炒熟铁为之。先铸铁成砧，以为受锤之地。谚云："万器以钳为祖。"非无稽之说也。

凡是冶炼铁块来铸造器物，都是选用已经炒过的熟铁为原料。先将铸铁做成铁砧，用它来接受捶打。俗话说："万器以钳为祖。"这种说法并不是空穴来风。

凡出炉熟铁，名曰毛铁。受锻之时，十耗其三为铁华、铁落。若已成废器末锈烂者，名曰劳铁，改造他器与本器，再经锤锻，十止耗去其一也。

出炉的熟铁都叫做毛铁。锻造毛铁的时候，会有十分之三的毛铁被耗损成为铁华、铁落。已经成废器，但是还没有锈烂的毛铁，叫做劳铁。劳铁可以用来改造其他的器物和本器，它被锤锻的时候只会耗损十分之一。

凡炉中炽铁用炭，煤换居十七，木炭居十三。凡山林无煤之处，锻工先择坚硬条木，烧成火墨（俗名火矢，扬烧不闭穴火），其炎更烈于煤。即用煤炭，亦别有铁炭一种，取其火性内攻、焰不虚腾者，与炊炭同形而分类也。

炼铁用的炭料，十分之七是煤，十分之三是木炭。凡是没有煤的山林，锻工会先挑选出坚硬的条木，将它烧成火墨（俗名为火矢，它燃烧的时候不会飞出碎末将风口堵塞），这种东西比煤产生的热量还高。即使大家都使用煤炭，也还有人使用一种铁炭，主要是因为铁炭有火性在内，火焰不虚腾的优点，它和做饭用的炭样子差不多，但是不是同一个种类。

天工开物

一二一

凡铁性逐节粘合，涂上黄泥于接口之上，入火挥槌，泥滓成枵而去，取其神气为媒合。胶结之后，非灼红斧斩，永不可断也。凡熟铁、钢铁已经炉锤，水火未济，其质未坚。乘其出火之时，入清水淬之，名曰健钢、健铁。言乎未健之时，为钢为铁，弱性犹存也。

【译文】

将需要锻造的铁逐节地粘连在一起，把黄泥涂抹在接口处，在火中烧红后进行捶打，泥滓被打掉，留下黄泥的神气来成为接合的媒介。铁器胶结在一起之后，只要没有再被烧红并用斧子斩，就永远不会断。熟铁、钢铁经过火烧锻打之后，水火还尚未对它起作用，它的质地还不坚实。在熟铁、钢铁刚出炉的时候，将它们放入清水中淬火，淬火之后的铁被称为健钢、健铁。这个名字的意思是，钢、铁在成为健钢、健铁之前，还留存有软弱的性质。

凡焊铁之法，西洋诸国别有奇药。中华小焊用白铜末，大焊则竭力挥锤而强合之，历岁之久，终不可坚。故大炮西番有锻成者，中国则惟事冶铸也。

【译文】

对于焊铁的方法，西洋各国有自己的奇药。中国工匠进行小焊的时候，用白铜末做焊药，进行大焊的时候则使劲挥锤将铁块强行接合在一起，这样时间长了之后，接口便会不牢固。所以，西洋有锻成的大炮，而中国只有铸造出来的大炮。

焊铁

天工开物

一二二

燧石

宋子曰，五行之内，土为万物之母。子之贵者，岂惟五金哉！金与火相守而流，功用谓莫尚焉矣。石得燔而咸功，盖愈出愈奇焉。水浸淫而败物，有隙必攻，所谓不遗丝发者。调和一物，以为外拒，漂海则冲洋澜，粘甃则固城雉。不烦历候远涉，而至宝得焉。燔石之功，殆莫之与京矣！至于矾现五色之形，硫为群石之将，皆变化于烈火。巧极丹铅炉火，方士纵焦劳唇舌，何尝肖像天工之万一哉！

宋子说，五行之中，土是万物的始源。土地中蕴藏者价值贵重的物质，岂只有金属一种吗！金属经过火焰的熔炼，可以制成形形色色的物品，它的作用不得不说很大。然而土地中埋藏的矿石经过焙烧后也都能发挥出作用，而且种类、用途也越来越新奇。水的浸透会使物体腐坏，而且水的渗透无孔不入，可以说连头发丝一样的缝隙都不遗漏。然而，人们能调制出石灰这种物质，可以防止渗水，用之于船体，则能乘风破浪；用之于砌墙，则能坚固城墙。这种宝贵的物质，不需要长时间远途跋涉就能得到。因此，煅烧后的矿石的用途大概是没什么比它大的了！至于矾石，则有五种颜色的不同形态，硫黄之所以成为所有矿石中地位最高者，都是得益于烈焰燃烧的缘故。这种技术在炼制丹砂、铅粉时得到极好的应用。纵然研习炼丹之术的方士把他们的方术吹嘘得口干舌燥，又怎比得上大自然神工的万分之一啊！

煤炭

　　凡煤炭，普天皆生，以供煅炼金石之用。南方秃山无草木者，下即有煤。北方勿论。

【译文】

　　煤炭这种物质，天下各处都有出产，可以用作煅烧金属和矿石。南方草木不生的秃山下就藏有煤矿，北方同样是这样。

　　煤有三种：有明煤、碎煤、末煤。明煤，块大如斗许，燕、齐、秦、晋生之。不用风箱鼓扇，以木炭少许引燃，熯炽达昼夜。其傍夹带碎屑，则用洁净黄土调水作饼而烧之。碎煤有两种，多生吴、楚。炎高者曰"饭炭"，用以炊烹；炎平者曰"铁炭"，用以冶煅。入炉先用水沃湿，必用鼓鞴后红，以次增添而用。末煤如面者，名曰"自来风"。泥水调成饼，入于炉内，既灼之后，与明煤相同，经昼夜不灭。半供炊爨，半供熔铜、化石、升朱。至于燔石为灰与矾、硫，则三煤皆可用也。

【译文】

　　煤有三种：明煤、碎煤和末煤。明煤块头如斗一般大小，燕、齐、秦、晋等地有所出产。明煤不用风箱鼓风，只需用少许木炭点燃，就能昼夜炽热地燃烧。明煤中夹杂着的零散的煤屑，可以和干净的黄土一同调水制成饼状，用来烧火。碎煤有两种，多产自吴、楚等地。碎煤燃烧时火焰高的叫"饭炭"，用以烧火做饭；火焰低的叫"铁炭"，用以冶炼锻造。这种煤炭放入火炉前要先用水打湿，只有鼓风才能烧红，然后再逐次

挖煤

增添使用。末煤形状像面粉，又名"自来风"。将末煤和泥、水混合，做成饼状放入炉中点燃，就和明煤一样，可以昼夜燃烧。末煤既适用于做饭，又适用于熔炼铜矿、焙烧石材、炼制朱砂等。至于烧制石灰、矾石、硫黄等物，三种煤都可以用。

　　凡取煤经历久者，从土面能辨有无之色，然后掘挖。深至五丈许，方始得煤。初见煤端时，毒气灼人。有将巨竹凿去中节，尖锐其末，插入炭中，其毒烟从竹中透上，人从其下施镬抬取者。或一井而下，炭纵横广有，则随其左右阔取。其上支板，以防压崩耳。

那些长期从事采煤的人，可以从地表的情况判断地下是否有煤，然后挖掘。差不多挖到五丈深，才能发现煤。煤层刚刚露出时，会发出一种有害的毒气。于是人们将毛竹的竹节打通，将竹的一端削尖，插入煤层内，其中的毒气便从竹竿内排出地面，人们就可以在井下用锄挖取。有的井下煤层纵横延伸很广，这时可以随其方向，双向挖取。挖掘的同时需在井道的上方支起木板，防止坍塌。

凡煤炭取空而后，以土填实其井，经二三十年后，其下煤复生长，取之不尽。其底及四周石卵，土人名曰铜炭者，取出烧皂矾与硫黄（详后款）。凡石卵单取硫黄者，其气薰甚，名曰臭煤，燕京房山、固安，湖广荆州等处间有之。

当一处的煤被采空后，便用土将井道填实。过去二三十年后，地下便又可出煤，如此取之不尽。井道底下和周围有卵石，当地人称之"铜炭"，可以烧制皂矾和硫黄。那种只能炼出硫黄的卵石，气味十分刺鼻，称为"臭煤"，北京的房山、固安，湖广的荆州等处的煤层夹杂着这种煤。

凡煤炭经焚而后，质随火神化去，总无灰滓。盖金与土石之间，造化别现此种云。凡煤炭不生茂草盛木之乡，以见天心之妙。其炊爨功用所不及者，唯结腐一种而已（结豆腐者用煤炉则焦苦）。

天工开物

一二七

煤炭经过燃烧，内质便随火化去，不会留下煤渣。煤层处在金属层和土石层之间，大概是自然界本身发展的结果。出产煤炭的地方草木不茂盛，这就说明了自然界的巧妙。在炊事方面，煤炭唯一不能发挥作用的地方，只是做豆腐这一项而已（以煤火结腐则味苦）。

硫黄

凡硫黄乃烧石承液而结就。著书者误以焚石为矾石，遂有矾液之说。然烧取硫黄石，半出特生白石，半出煤矿烧矾石，此矾液之说所由混也。又言中国有温泉处必有硫黄，今东海、广南产硫黄处又无温泉，此因温泉水气似硫黄，故意度言之也。

硫黄是烧制矿石时流出的液态物质凝结而成的。有的作书者误认为"焚石"就是"矾石"，因此就有了硫黄是烧制矾石时流出的液态物质凝结而成的一种说法；此外，用以烧制硫黄的矿石一半产自当地特有的白石，一半产自煤层中用以烧制矾石的卵石。这就是以上说法混淆的原因。又有人说中国游温泉的地方必定有硫黄，然而如今福建、广东产硫黄的地方并无温泉。这是因为温泉发出的气味类似硫黄，所以人们凭猜测而这么说。

凡烧硫黄石，与煤矿石同形。掘取其石，用煤炭饼包裹丛架，外筑土作炉。炭与石皆载千斤于内，炉上用烧硫旧滓釜盖，中顶隆起，透一圆孔，其中火力到时，孔内透出黄焰金光。先教陶家烧一钵盂，其盂当中隆起，边弦卷成鱼袋样，覆于孔上。石精感受火神，化出黄光飞走，遇盂掩住，不能上飞，则化成汁液，靠著盂底，其液流入弦袋之中。其弦又透小眼流入冷道灰槽小池，则凝结而成硫黄矣。

【译文】

焙烧硫黄的矿石和煤层中的卵石形状相同。采掘焙烧硫黄的矿石，将之聚成一堆，裹上煤饼，再在外围筑土为炉。往炉中填入煤炭、矿石各千斤，炉顶用烧过硫黄的渣滓掩盖，顶部中间隆起，其中透出一个圆孔。炉中的火势一大，孔内就冒出金黄色的气焰。事先让陶工烧制一个钵盂，盂的中间隆起，边缘卷成鱼袋形状的凹槽，将之盖在炉顶的圆孔上。矿石中的成分经过高温，生发出黄色气体，上升遇到钵盂的抵挡，产生液化作用，生成的液体沿着盂底流入边缘的凹槽。在钵盂边缘的一处开一小眼，接有低温管道，液体从管道流出，进入石灰制的小池，冷却后即凝固成硫黄。

其炭煤矿石烧取皂矾者，当其黄光上走时，仍用此法掩盖，以取硫黄。得硫一斤，则减去皂矾三十余斤。其矾精华已结硫黄，则枯滓遂为弃物。

【译文】

烧制煤层中含皂矾成分的卵石，待炉中的黄色气体上升时，也用这

烧制硫黄

种盖顶的方法，以获取硫黄。每获得一斤硫黄，便少得三十余斤皂矾。矾石中的有效成分转化成了硫黄，剩余的枯渣便成了废弃物。

凡火药，硫为纯阳，硝为纯阴，两精逼合，成声成变，此乾坤幻出神物也。硫黄不产北狄，或产而不知炼取，亦不可知。至奇炮出于西洋与红夷，则东徂西数万里，皆产硫之地也。其琉球土硫黄，广南水硫黄，皆误记也。

　　火药的成分中，硫黄性属阳，硝石性属阴，二者发生相互作用，便产生出声响和形变，这就是阴阳结合而幻化出来的神奇之物。北方少数民族聚居地区不产硫黄，就算有产也不懂得炼制的方法，这也不一定。西洋与荷兰能造出新奇火炮，便表明东西数万里之境，都出产硫黄。而所谓的琉球"土硫黄"、广东的"水硫黄"，都是错误的记载。

微信扫码

☑ 拓展视频　　☑ 图文资讯
☑ 趣味测评　　☑ 阅读分享

天工开物

丹青

宋子曰，斯文千古之不坠也，注玄尚白，其功孰与京哉！离火红而至黑孕其中，水银白而至红呈其变，造化炉锤，思议何所容也！五章遥降，朱临墨而大号彰；万卷横披，墨得朱而天章焕。文房异宝，珠玉何为？至画工肖象万物，或取本姿，或从配合，而色色咸备焉。夫亦依坎附离，而共呈五行变态，非至神孰能与于斯哉？

译文

宋子说，古代文化得以千古留存，得益于纸墨的记载，墨的功劳无与伦比啊！松木和桐油经过燃烧后产生黑烟，墨的成分就蕴含其中。水银经过烧制，颜色由白变红，形成书写材料。万物通过炼制而产生的变化，真是令人不可思议。朝廷发布天下的五色笺敕诏，因为有御笔亲题的朱批，使诏令得以彰显天下；在批阅万卷文献时，黑字配以朱批，使得书文更加焕彩。可见，朱、墨等文房珍宝，岂是珠玉可比？至于画工描摹万物之状，或只用墨水取其本色，或用多种颜料调和，从而描绘出多姿多彩的画面。朱墨和其他颜料的配制都是依靠水火的作用，并且呈现出五行交替变化的形态。离开自然之力，谁又能做到这些呢？

凡墨，烧烟凝质而为之。取桐油、清油、猪油烟为者，居十之一；取松烟为者，居十之九。凡造贵重墨者，国朝推重徽郡人。或以载油之艰，遣人僦居荆襄、辰沅，就其贱值桐油点烟而归。其墨他日登于纸上，日影横射，有红光者，则以紫草汁浸染灯心而燃炷者也。

【译文】

墨，是物质燃烧时产生的烟灰凝结而成的。用桐油、清油、猪油来烧制的墨占总量的十分之一；用松烟制作的墨占十分之九。我国生产珍贵墨的人中，首推的是徽州人。由于载运桐油困难，徽州人于是派人到湖北江陵、襄阳和湖南辰溪、沅陵等地，在当地用廉价桐油直接烧成烟灰再运回。徽墨书写于纸上时，在日影的斜照下，墨色显现出红光，这是其中含有用紫草汁浸染过的灯芯燃烧后产生的烟的缘故。

凡热油取烟，每油一斤，得上烟一两余。手力捷疾者，一人供事灯盏二百副。苦刮取怠缓则烟老，火燃质料并丧也。其余寻常用墨，则先将松树流去胶香，然后伐木。凡松香有一毛未净尽，其烟造墨，终有滓结不解之病。凡松烟流去香，木根凿一小孔，炷灯缓炙，则通身膏液，就暖倾流而出也。

【译文】

烧桐油而获取烟灰，每斤油可得到上品烟灰一两多。手脚快的，一

制墨

人可以掌管两百盏灯。在刮取烟灰的时若有怠慢就会使烟烧得过老，这就浪费了灯油和原料。其他一般的墨，是由松烟制成：先将松树的树脂放干，再砍伐；但凡有一点松香没有清干净，这样制造出来的墨总会有一些化不开的渣滓。至于除去松香的方法，可在松树根部凿一小孔，再用灯火缓缓焚烧，如此树干中的松脂全因受热而流出。

　　凡烧松烟，伐松斩成尺寸，鞠蔑为圆屋如舟中雨篷式，接连十余丈。内外与接口，皆以纸及席糊固完成。隔位数节，小孔出烟，其下掩土砌砖先为通烟道路。燃薪数日，歇冷入中扫刮。凡烧松烟，放火通烟，自头彻尾。靠尾一、二节者为清烟，取入佳墨为料。中节者为混烟，取为时墨料。若近头一、二节，只刮取为烟子，货卖刷印书文家，仍取研细用之。其余则供漆工垩工之涂玄者。

造墨

在烧松烟时，将松木按一定尺寸截开，然后在地上用竹条搭建成圆顶的棚屋，形如船篷，接连延伸十余丈。竹棚的内外和接口处，都糊有牢固的纸和席子。每隔数节，留有一个出烟的小孔。竹棚底部用泥土填盖，砌砖时应预先空出通烟的渠道。将截好的松木放在棚内燃烧数天，烧好之久就等其冷却，随后便进入棚内扫刮烟灰。在烧松烟的过程中，点火、放烟都是从棚内的首节开始，依次到尾节。靠近尾端一、二节形成的是清烟，是优质墨的原料。中间部分形成的是混烟，用作一般墨的原料。接近首端一、二节只能刮取到烟子，可出售给印刷图书的坊主，但仍需后期加工，研磨成细粉方可用。其余剩下的可供漆工、粉刷工作为黑色颜料使用。

凡松烟造墨，入水久浸，以浮沉分精悫。其和胶之后，以锤敲多寡分脆坚。其增入珍料与漱金、衔麝，则松烟、油烟，增减听人。其余《墨经》《墨谱》，博物者自详，此不过粗纪质料原因而已。

用以制墨的松烟，可以将其放入水中长时间浸泡，然后根据其浮沉情况辨别是否精细。松烟和胶调和，凝固后用锤敲击，然后根据敲击的次数辨别是否坚固。如果往墨中添加珍贵材料，或者时烫金和嵌入麝香，那么松烟和油烟的量就可以随意添加。其余情况在《墨经》《墨谱》中都有记载，好学之士可以参详其书。此处仅仅是粗略地介绍了有关制墨的原料、方法而已。

珠玉

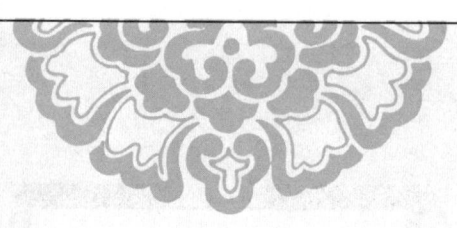

　　宋子曰，玉韫山辉，珠涵水媚，此理城然乎哉？抑意逆之说也？大凡天地生物，光明者昏浊之反，滋润者枯涩之仇，贵在此则贱在彼矣。合浦、于阗，行程相去二万里，珠雄于此，玉峙于彼，无胫而来，以宠爱人寰之中，而辉煌廊庙之上，使中华无端宝藏。折节而推上坐焉。岂中国辉山媚水者，萃在人身，而天地菁华止有此数哉？

译文

　　宋子说，传说山藏玉则辉，水含珠则明，真有这样的道理吗？或者只是一种错误的猜想？大凡天地间的自然万物，光明和昏暗相对立，明润和苦涩相对立，推崇一方必定贬低另一方。合浦、于阗两地距离两万里，珍珠雄卧于此间，而美玉盘踞于彼处，然而珠、玉被人运送到各地，深受人们的喜爱，在宗庙、宫廷间争光夺目。它们令中华无尽的宝藏黯然失色，而被推为至尊。难道中国的大好河山哺育出来的天地精华中，能用来装饰人身的宝物仅仅只有这些吗？

珠

凡珍珠必产蚌腹，映月成胎，经年最久，乃为至宝。其云蛇腹、龙颔、鲛皮有珠者，妄也。凡中国珠必产雷、廉二池。三代以前，淮、扬亦南国地，得珠稍近《禹贡》"淮夷玭珠"，或后互市之便，非必责其土产也。金采蒲与路，元采杨村直沽口，皆传记相承妄，何尝得珠？至云忽吕古江出珠，则夷地，非中国也。

【译文】

珍珠均生长在蚌贝的腹中，在月光的沐浴下成形，形成年月最久的便是无上的宝贝。那些所谓蛇腹、龙的下巴、鲨鱼皮中含有珍珠的说法都是没有根据的。中国的珍珠必定出于雷州（今广东海康）、廉州（今广西合浦）两地的水池。在夏、商、周三代以前，淮安、扬州地区也属于南方地区，这些地方产的珍珠与《禹贡》中记载的"淮河地区所产珍珠"类似，但也可能是通过贸易换取得来的，不一定就是当地特产。传说金代的蒲与路、元代的杨村直沽口都能采到珍珠，这都是沿袭了一些错误的记载，这些地方什么时候获取过珍珠？至于说忽吕古江出产珍珠，那是属于东北外族的地域，而非中原地区。

凡蚌孕珠、乃无质而生质。他物形小而居水族者，吞噬弘多，寿以不永。蚌乃环包坚甲，无隙可投，即吞腹，囫囵不能消化，故独得百年千年，成就无价之宝也。凡蚌孕珠，即千仞水底，一逢圆月中天，即开甲仰照，取月精以成其魄。中秋月明，则老蚌犹喜甚。若彻晓无云，则随月东升西没，转侧其身而映照之。他海滨无珠者，潮汐震撼，蚌无安身静存之地也。

【译文】

蚌孕育珍珠是一个从无形到有形的过程。体形微小的一些水生物，往往被吞食，因而寿命不长久。蚌则浑身裹有坚硬的甲壳，令外物无法侵入，即便被吞入腹中，也难以消化，所以能享受千百年的寿命，成长为无价之宝。孕育珍珠的蚌，躺在深水处，每逢皓月当空，便开壳仰望，采取月亮的精华而结成精魄。每当中秋月圆之夜，老蚌尤为欢喜，如果一整夜都没有乌云，老蚌则随着月亮东升西落的运行轨迹，翻转身体以沐浴月光。部分海滨没有珍珠，原因是受到了潮汐的侵袭，蚌没有安身存体的地方。

凡廉州池自乌泥、独揽沙至于青莺，可百八十里。雷州池自对乐岛斜望石城界，可百五十里，疍户采珠，每岁必以三月，时杀牲祭海神，极其虔敬。疍户生啖海腥，入水能视水色。知蛟龙所在，则不敢侵犯。凡采珠舶，其制视他舟横阔而圆，多载草荐于上。经过水漩，则掷荐投之，舟乃无恙。舟中以长绳系没人腰，携篮投水。

【译文】

廉州的珍珠池从乌泥、独揽沙，直到青莺，有大概一百八十里。雷州的珍珠池从对乐岛到斜向的石城界，有大概一百五十里。沿海的居民采取珍珠，每年都会选在三月份，同时宰杀牲畜以祭祀海神，极其

采珠

虔诚。沿海居民生吃海产，水性很好，熟知水下的情况。他们知道蛟龙出现的地方，所以从不侵犯。采珠船的形状和一般船相比，船身更宽，近于圆形，船中载有许多草垫。遭遇漩涡时，投掷草垫，船只便不至于倾覆。船上用长绳系着采珠人的腰部，然后采珠人便可带着篮子潜水采摘。

凡没人，以锡造弯环空管，其本缺处，对掩没人口鼻，令舒透呼吸于中，别以熟皮包络耳项之际。极深者到四五百尺，拾蚌篮中。气逼则撼绳，其上急提引上，无命者或葬鱼腹。凡没人出水，煮热毳急覆之，缓则寒慄死。宋朝李招讨设法以铁为耙，最后木柱扳口，两角坠石，用麻绳作兜如囊状，绳系舶两傍，乘风扬帆而兜取之。然亦有漂溺之患。令蜑户两法并用之。

【译文】

　　潜入水中的采珠人带有锡制的弯管，管端的开口对准人的口鼻，使人可以在水下呼吸，此外，还用软皮包在耳、颈之间。最深者可以潜入水下四五百尺，捡取蚌贝投入篮中。呼吸紧张的时候，采珠人摇动绳索，船上的人则迅速拉他上来，然而命数不好的也许就要葬身鱼腹。潜

扬帆采珠

水者出水后，人们则立刻用烘暖的毛毯裹在他身上，慢了潜水人就会冻死。宋代的李招讨官想出了一种采珠的方法，即做出一个铁制的耙状框架，在其末端接上木柱扳口，两侧悬有石头，再在船的两旁系上麻绳网袋，这样顺风而行，便可以网住珍珠蚌。然而这也会有漂流和沉溺的隐患。海上的居民这两种方法并用。

凡珠在蚌，如玉在璞，初不识其贵贱，剖取而识之。自五分至一寸五分经者为大品。小平似覆釜，一边光采微以镀金者，此名珰珠，其值一颗千金矣。古来"明月""夜光"，即此便是。白昼晴明，檐下看有光一线闪烁不定，"夜光"乃其美号，非真有昏夜放光之珠也。次则走珠，置平底盘中，圆转无定歇，价亦与珰珠相仿（化者之身受含一粒则不复朽坏，故帝王之家重价购此）。次则滑珠，色光而形不甚圆。次则螺蚵珠，次官、雨珠，次税珠，次葱符珠。幼珠如粱粟，常珠如豌豆。玼而碎者曰玑。自夜光至于碎玑，譬均一人身而王公至于氓隶也。

【译文】

珍珠生在蚌贝中，就如美玉在璞石中，起初无法知道珍珠的贵贱，剖取出来后才可鉴定。直径由五分到一寸五分的是大珍珠。另一种略小而扁半，如倒置的锅，一面的光彩似乎镀过金，这种珍珠就叫珰珠，一颗就价值千金。古代所说的"明月珠""夜光珠"就是这种。白天时，此类珍珠在屋檐下看会发出一道闪烁不定的光线，所谓"夜光"是其美名，并没有真的能在黑夜中发光的珍珠。再有一种是走珠，放在盘底中，便会转动不停，价值和珰珠相近（据说死人口中含有一颗走珠，身体便不会腐烂，因而帝王之家以重金购买走珠）。其次还有滑珠，色泽光亮但形状不是很圆；再其次还有螺蚵珠、官珠、雨珠、税珠、葱符珠等等。小的珍珠仅有米粒般大小，一般的珍珠大小如豌豆。破碎的普通珍珠称为玑。珍珠有等级分类，就和人有王公到奴隶的等级一样。

凡珠生止有此数，采取太频，则其生不继。经数十年不采，则蚌乃安其身，繁其子孙而广孕宝质。所谓"珠徙珠还"，此煞定死谱，非真有"清官"感召也（我朝弘治中一采得二万八千两，万历中一采止得三千两，不偿所费）。

珍珠的生长均有其规律，采取太过频繁，将使珍珠蚌难以再生长。历经数十年不加开采，这样蚌贝都能自然地繁衍子孙后代，从而广泛孕育出更多的珍珠。所谓"珠徙珠还"，这种说法太过荒谬，清官的感召并非真能使迁徙的珍珠又返还（我朝弘治时，有一年采得珍珠两万八千两，而万历时，一年只采得三千两，得不偿失，这就是过度开采的后果）。

凡宝石皆出井中。西番诸域最盛，中国惟出云南金齿卫与丽江两处。

【译文】

宝石都产自井中。中国西部的新疆地区盛产宝石，其他中原地区只有云南金齿卫和丽江两处出产。

凡宝石自大至小，皆有石床包其外，如玉之有璞。金银必积土其上，韫结乃成。而宝则不然，从井底直透上空，取日精月华之气而就，故生质有光明。如玉产峻湍，珠孕水底，其义一也。

【译文】

宝石不论其大小，外围都有一层石床，就像玉的外围是璞石。金、银都蕴藏在地底，长期积聚而成。宝石则不是这样，而是从井底径直透过上空，吸取日月精华而形成，因而产生之初便有光泽。就如玉产自山间湍流，珠孕育在深水底部，道理是一样的。

凡产宝之井即极深无水，此乾坤派设机关。但其中宝气如雾，氤氲井中，人久食其气多致死。故采宝之人，或结十数为群，入并者得其半，而井上众人共得其半也。下井人以长绳系腰，腰带叉口袋两条，及

丽江

泉近宝石，随手疾拾入袋（宝井内不容蛇虫）。腰带一巨铃，宝气逼不得过，则急摇其铃，井上人引缒提上。其人即无恙，然已昏瞶。止与白滚汤入口解散，三日之内不得进食粮，然后调理平复。其袋内石，大者如碗，中者如拳，小者如豆，总不晓其中何等色。付与琢工镦错解开，然后知其为何等色也。

【译文】

出产宝石的井极深，但却没有水，这是天地独具匠心的安排。但是其中散发出来的化学气体如烟雾般弥漫在井中，人吸入久了多数会死亡。所以采宝的人通常会十几个人结群，下井的人获得一半宝石，井上众人共享另一半宝石。下井的人用长绳系在腰间，腰间挂着两个口袋，深入井底见到宝石后，便迅速拾取装入袋中（宝石井中蛇、虫难以存活，因而不必担心被咬伤）。同时，下井人的腰带上系着一个大铃铛，当感到呼吸困难的时候，则赶紧摇铃，等井上人拉上去。上去后人没有生命危险，但已经昏迷不醒。此时只需用白开水灌入口中就能解救，三天之内不能食用粮食，然后慢慢调理、康复。袋中的宝石大的像碗，中等的像拳头，小的像豆，起初不能一一知晓宝石的成色。将其交给琢工用锉刀锉开，然后才能知道宝石的成色。

属红黄种类者，为猫精、靺羯芽、星汉砂、琥珀、木难、酒黄、喇子。猫精黄而微带红。琥珀最贵者名曰瑿（音依，此值黄金五倍价），红而微带黑，然昼见则黑，灯光下则红甚也。木难纯黄色。喇子纯红。前代何妄人，于松树注茯苓，又注琥珀，可笑也。

【译文】

红、黄一类色泽的宝石，有猫精、靺羯芽、星汉砂、琥珀、木难、酒黄、喇子等。猫精黄中稍带点红。琥珀当中最珍贵的一种名叫瑿（音依，价值是黄金的五倍），其色泽多为红色中略带黑，然而在白天看是黑色的，在灯光下看就显得特别红。木难是纯黄色的。喇子是纯红色的。前代不知道是哪位妄言之人，在注解松树时竟说松树可以变成茯苓，而且还说松树在某种状态下可以变成琥珀，这真是可笑啊。

属青、绿种类者，为瑟瑟珠、珇珺绿、鸦鹘石、空青之类（空青既取内质，其膜升打为曾青）。至玫瑰一种，如黄豆、绿豆大者，则红、碧、青、黄数色皆具。宝石有玫瑰，如珠之有玑也。星汉砂以上，犹有煮海金丹。此等皆西番产，其间气出，滇中井所无。时人伪造者，唯琥珀易假，高者煮化硫黄，低者以殷红汁料煮入牛羊明角，映照红赤隐然，今亦最易辨认（琥珀磨之有浆）。至引草，原惑人之说，凡物借人气能引拾轻芥也。自来《本草》陋妄，删去毋使灾本。

【译文】

青、绿一类色泽的宝石，有瑟瑟珠、珇珺绿、鸦鹘石、空青等（空青取自宝石的内部，其外层研成粉即为曾青）。有一种玫瑰石，形如黄豆、绿豆般大小，有红、绿、青、黄等多种颜色。宝石中有玫瑰石，就像珍珠中有珠玑一样，有优劣之分。价值高出星汉砂的还有煮海金丹。这些都是西域才出产，有时也能在井中采到，云南中部地区没有这些宝石。时下人为伪造的许多宝石中，唯独琥珀容易造假。技术高一点儿的通过煮化硫黄伪造，差一点儿的就直接用深红色液汁煮牛羊的角胶，在光照下，也能隐隐发出红光。如今也很容易辨别真假（琥珀摩擦时有浆）。至于说琥珀会吸引草，原本就是骗人的话，物体只有借用人的精气方能吸附轻微的小草。《本草》从来就浅陋虚妄，这些谬说应直接删去，不要损失了版刻木料。

玉

凡玉入中国，贵重用者尽出于阗（汉时西国号，后代或名别失八里，或统服赤斤蒙古，定名未详）葱岭。所谓蓝田，即葱岭出玉别地名，而后世误以为西安之蓝田也。其岭水发源名阿耨山，至葱岭分界两河：一曰白玉河，一曰绿玉河。晋人张匡邺作《西域行程记》，载有乌玉河，此节则妄也。

【译文】

进入中原地区的玉，珍贵的都出自于阗（十阗，汉代西域古国名，后代叫别失八里，或许附属于赤斤蒙古，具体名称不详）的葱岭一带。所谓的蓝田，是指葱岭产玉的又一处地名，然而后世误以为是西安蓝田县。葱岭的河水发源于阿耨山，流至葱岭时分为两条河，即白玉河和绿玉河。晋代人张匡邺著有《西域行程记》，其中记载有乌玉河，相关的这段记载是错误的。

玉璞不藏深土，源泉峻急激映而生。然取者不于所生处，以急湍

白玉河

无着手。俟其夏月水涨，璞随湍流徒，或百里、或二三百里，取之河中。凡玉映月精光而生，故国人沿河取玉者，多于秋间明月夜，望河候视。玉璞堆聚处，其月色倍明亮。凡璞随水流，仍错杂乱石浅流之中，提出辨认而后知也。

【译文】

　　藏玉的璞石不埋在地底，而是在山间接近源头的激流中交相辉映而生。采玉的人不会在玉石的产生地采取，因为水流湍急，无从入手。等到夏天河水上涨，玉璞随着急流迁徙到一百里或两三百里之外，这时便可在河里拾取。玉是受月光中的精气而生，所以当地人沿河采玉的时候，多选在秋季月明之夜，守在河边静静观察。玉璞堆积处的月光显得格外明亮。玉璞随着流水游走，难免杂糅着一些乱石，一一提取出来之后加以辨认然后便可分清。

白玉河流向东南，绿玉河流向西北。亦力把力地，其地有名"望野"者，河水多聚玉。其俗以女人赤身没水而取者，云阴气相召，则玉留不逝，易于捞取。此或夷人之愚也（夷中不贵此物，更流数百里，途远莫货，则弃而不用）。

白玉河流向东南方，绿玉河流向西北方。亦力、把力一带有个叫"望野"的地方，那里的河水里常积聚着玉石。当地风俗是让女人赤身下水采玉，认为玉石受女人阴气的招引便会留驻不流，这样就容易捞取。这大概反映了外族人的愚昧（当地人并不珍视玉石，如果顺着河流再过几百里，路途遥远而难以卖出去，人们就弃而不用）。

凡玉唯白与绿两色。绿者中国名菜玉。其赤玉、黄玉之说，皆奇石、琅玕之类，价即不下于玉，然非玉也。凡玉璞根系山石流水，未推出位时，璞中玉软如棉絮，推出位时则已硬，入尘见风则愈硬。谓世间琢磨有软玉，则又非也。凡璞藏玉，其外者曰玉皮，取为砚托之类，其值无几。璞中之玉，有纵横尺余无瑕玷者，古者帝王取以为玺。所谓连城之璧，亦不易得。其纵横五六寸无瑕者，治以为杯斝，此亦当世重宝也。

一五三

【译文】

　　大凡玉只有白、绿两种颜色。绿玉，中原地区叫菜玉。所谓赤玉、黄玉，则属于奇石、琅玕一类，价值虽然不下于玉，但并不是玉。玉璞产生于山石间的流水之中，璞石中的玉没被剖取出来时，如棉絮般柔软，剖取出来之后则变坚硬，经风化后就更加坚硬。世间流传有雕琢软玉的说法，这又是错误的。璞石中蕴藏的玉，外层叫玉皮，可用以制作砚托之类的器物，价值不高。璞石中的玉，纵横达一尺多而又没有瑕疵的，古代的帝王用来做成印玺。又有所谓的价值连城的玉璧就更难得到了。那些纵横五、六寸的无瑕的玉，用以制成酒器，这就算是当世的至宝了。

　　此外惟西洋琐里有异玉，平时白色，晴日下看映出红色，阴雨时又为青色，此可谓之玉妖，尚方有之。朝鲜西北太尉山有千年璞，中藏羊脂玉，与葱岭美者无殊异。其他虽有载志，闻见则未经也。

【译文】

　　除此之外，唯独西洋琐里出产一种异玉，平时显白色，晴天放在阳光下呈红色，阴天时又显现出青色，这算得上是玉中的妖娆者，这种玉皇宫中才有。朝鲜西北的太尉山有种千年璞，其中藏着的羊脂玉，和葱岭的美玉没有特别的差异。其他种类的玉虽然有书记载，然而我却未曾见闻。

　　凡玉由彼地缠头回（其俗人首一岁裹布一层，老则臃肿之甚，故名缠头回子。其国王亦谨不见发。问其故，则云见发则岁凶荒。可笑之甚），或溯河舟，或架橐驼，经庄浪入嘉峪，而至于甘州与肃州。中国贩玉者，至此互市而得之，东入中华，卸萃燕京。玉工辨璞高下定价，而后琢之（良玉虽集京师，工巧则推苏郡）。

【译文】

　　玉的贸易往来主要是通过葱岭缠头的回族人（当地的风俗是一年在头上包上一层布，年老时包得异常臃肿，因而称其为缠头回人。国王也不会把布摘掉，原因是说摘掉就会遭遇荒年。这真是可笑）进行，要么水路乘船，要么骑骆驼，经由庄浪进入嘉峪关，从而到达甘州和肃州。中原的玉商到这里和回人交易而得到玉，再往东运入中原，一直到北京卸货。玉工甄别玉璞的品质高低后定价，然后开始雕琢（上好的玉虽然集中在北京，但技艺高超的琢玉人却在苏州）。

　　凡玉初剖时，冶铁为圆盘，以盆水盛砂，足踏圆盘使转，添沙剖玉，逐忽划断。中国解玉砂，出顺天玉田与真定邢台两邑。其砂非出河中，有泉流出，精粹如面，藉以攻玉，永无耗折。既解之后，别施精巧工夫，得镔铁刀者，则为利器也（镔铁亦出西番哈密卫砺石中，剖之乃得）。

【译文】

　　刚开始琢玉剖玉的时候，需配备一个铁制的圆盘，用水盆盛上砂，脚踏圆盘使其旋转，并添砂剖玉，逐渐将玉切断。中原剖玉所用的砂，出自顺天府玉田和真定府邢台两地。这种砂并非来自河底，而是从泉水中流出，精细如面粉，用以琢玉，可以使玉不至于耗损。玉石剖开之后，便可采取精巧的工艺雕琢成器物。有种镔铁刀，是琢玉的利器（镔铁也源自新疆哈密的砺石岩层中，挖开就能获取）。

凡玉器琢余碎，取入钿花用。又碎不堪者，碾筛和灰涂琴瑟。琴有玉音，以此故也。凡镂刻绝细处，难施锥刃者，以蟾酥填画而后锲之。物理制服，殆不可晓。凡假玉以硃碔充者，如锡之于银，昭然易辨。近则捣舂上料白瓷器，细过微尘，以白蔹诸汁调成为器，干燥玉色烨然，此伪最巧云。

【译文】

雕琢玉器后剩余的碎片，可用来做钿花。一些零碎不堪的碎玉，可以研磨成粉，筛选后与石灰粉混合，涂抹在琴瑟等乐器上。琴声中含玉的音色，原因就在于此。当遇到需要精细雕镂的地方，一般的刻刀难以下手，可以用蟾酥汁涂抹在玉上，然后再雕刻。这物物相克的机理，尚难知晓。用以冒充假玉的硃碔，就像冒充银的锡，极易辨别。近来有人将上等材料制作的白瓷器捣碎得如微尘状，然后用白蔹等液汁黏合，制成器物，干燥后色泽类似于玉，这类造假的手法最为巧妙。

凡珠玉、金银，胎性相反。金银受日精，必沉埋深土结成。珠玉、宝石受月华，不受寸土掩盖。宝石在井，上透碧空，珠在重渊，玉在峻滩，但受空明、水色盖上。珠有螺城，螺母后中，龙神守护，人不敢犯。数应入世用者，螺母推出人取。玉初孕处，亦不可得。玉神推徙入河，然后恣取，与珠宫同神异云。

　　珠玉与金银相比，生成方式恰恰相反。金银吸取的是太阳的精华，必定深埋在地下而形成。而珠玉、宝石吸取的则是月亮的精华，故不受泥土的掩盖。宝石生于井中，其气往上直透苍天，珍珠生于深渊，玉生于湍流，但它们都享受着月光和水流的滋润。珍珠有螺城，螺城中有螺母，并由龙神守护，凡人不得冒犯。部分注定要被世人享用的珍珠，将由螺母推举出来供人采取。玉最开始孕育的地方，世人也无法靠近。玉神会将部分玉石推移到河中，然后人才能随意采取，这种说法异于珠宫同神说。

天工开物

书 目

001. 山海经
002. 诗经
003. 老子
004. 庄子
005. 孟子
006. 列子
007. 墨子
008. 荀子
009. 韩非子
010. 淮南子
011. 鬼谷子
012. 素书
013. 论语
014. 五经
015. 四书
016. 文心雕龙
017. 说文解字
018. 史记
019. 战国策
020. 三国志
021. 贞观政要
022. 资治通鉴
023. 楚辞经典
024. 汉赋经典
025. 唐诗
026. 宋词
027. 元曲
028. 李白·杜甫诗
029. 千家诗

030. 苏东坡·辛弃疾词
031. 柳永·李清照词
032. 最美的词
033. 红楼梦诗词
034. 人间词话
035. 唐宋八大家散文
036. 古文观止
037. 忠经
038. 孝经
039. 孔子家语
040. 朱子家训
041. 颜氏家训
042. 六韬
043. 三略
044. 三十六计
045. 孙子兵法
046. 诸葛亮兵法
047. 菜根谭
048. 围炉夜话
049. 小窗幽记
050. 冰鉴
051. 诸子百家哲理寓言
052. 梦溪笔谈
053. 徐霞客游记
054. 天工开物
055. 西厢记
056. 牡丹亭
057. 长生殿
058. 桃花扇

059. 喻世明言

060. 警世通言

061. 醒世恒言

062. 初刻拍案惊奇

063. 二刻拍案惊奇

064. 世说新语

065. 容斋随笔

066. 太平广记

067. 包公案

068. 彭公案

069. 聊斋

070. 老残游记

071. 笑林广记

072. 孽海花

073. 三字经

074. 百家姓

075. 千字文

076. 弟子规

077. 幼学琼林

078. 声律启蒙

079. 笠翁对韵

080. 增广贤文

081. 格言联璧

082. 龙文鞭影

083. 成语故事

084. 中华上下五千年·春秋战国

085. 中华上下五千年·夏商周

086. 中华上下五千年·秦汉

087. 中华上下五千年·三国两晋

088. 中华上下五千年·隋唐

089. 中华上下五千年·宋元

090. 中华上下五千年·明清

091. 中国历史年表

092. 快读二十四史

093. 呐喊

094. 彷徨

095. 朝花夕拾

096. 野草集

097. 朱自清散文

098. 徐志摩的诗

099. 少年中国说

100. 飞鸟集

101. 新月集

102. 园丁集

103. 宽容

104. 人类的故事

105. 沉思录

106. 瓦尔登湖

107. 蒙田美文

108. 培根论说文集

109. 假如给我三天光明

110. 希腊神话

111. 罗马神话

112. 卡耐基人性的弱点

113. 卡耐基人性的优点

114. 跟卡耐基学当众讲话

115. 跟卡耐基学人际交往

116. 跟卡耐基学商务礼仪

117. 致加西亚的信

118. 智慧书

119. 心灵甘泉

120. 财富的密码

121. 青年女性要懂的人生道理

122. 礼仪资本

123. 优雅—格调

124. 优雅—妆容

125. 一分钟口才训练

126. 一分钟习惯培养

127. 每天进步一点点

128. 备受欢迎的说话方式

129. 低调做人的艺术

130. 影响一生的财商

131. 在逆境中成功的 14 种思路

132. 我能：最大化自己的 8 种方法

133. 思路决定出路

134. 细节决定成败

135. 情商决定命运

136. 性格决定命运

137. 责任胜于能力

138. 受益一生的职场寓言

139. 让你与众不同的 8 种职场素质

140. 锻造你的核心竞争力：保证
     完成任务

141. 和孩子这样说话很有效

142. 千万别和孩子这样说

143. 开发大脑的经典思维游戏

144. 老子的智慧

145. 三十六计的智慧

146. 孙子兵法的智慧

147. 汉字

148. 姓氏

149. 茶道

150. 四库全书

151. 中华句典

152. 奇趣楹联

153. 中国绘画

154. 中华书法

155. 中国建筑

156. 中国国家地理

157. 中国文明考古

158. 中国文化与自然遗产

159. 中国文化常识

160. 世界文化常识

161. 世界文化与自然遗产

162. 西洋建筑

163. 西洋绘画

164. 失落的文明

165. 罗马文明

166. 希腊文明

167. 古埃及文明

168. 玛雅文明

169. 印度文明

170. 巴比伦文明

171. 世界上下五千年

172. 人类未解之谜（中国卷）

173. 人类未解之谜（世界卷）

174. 人类神秘现象（中国卷）

175. 人类神秘现象（世界卷）